中子科学数据手册

（原书第二版）

Neutron Data Booklet

(Second Edition)

〔法〕阿尔贝-若泽·迪亚努(Albert-José Dianoux)
〔德〕热里·兰德尔(Gerry Lander) 编

童 欣 杨 华 译

科 学 出 版 社

北 京

图字：01-2020-0138 号

内 容 简 介

本书是一本涵盖中子产生、中子散射相关基础知识的口袋书籍，比较全面地构建了中子知识体系，能够帮助读者更快迈入中子科学的大门。本书主要介绍了中子的散射长度，中子的基本相互作用，中子散射相关原理与实验技术基础，以及与中子源相关的中子产生、探测、屏蔽等相关内容。本书中同时列出了元素及其同位素的中子性质相关参数，便于读者在使用过程中查阅。

本书适合中子科学相关领域科研工作者以及对中子实验技术感兴趣的人员阅读，可以作为中子科学入门书籍或实验指南使用。

图书在版编目(CIP)数据

中子科学数据手册：原书第二版/(法)阿尔贝-若泽·迪亚努，(德)热里·兰德尔编；童欣，杨华译. —北京：科学出版社，2022.12
书名原文：Neutron Data Booklet(Second Edition)
ISBN 978-7-03-073427-3

Ⅰ. ①中⋯ Ⅱ. ①阿⋯ ②热⋯ ③童⋯ ④杨⋯ Ⅲ. ①中子-手册
Ⅳ. ① O572.34-62

中国版本图书馆 CIP 数据核字(2022) 第 189948 号

责任编辑：陈艳峰 崔慧娴 / 责任校对：郝甜甜
责任印制：吴兆东 / 封面设计：无极书装

科 学 出 版 社 出版
北京东黄城根北街 16 号
邮政编码：100717
http://www.sciencep.com

北京虎彩文化传播有限公司 印刷
科学出版社发行 各地新华书店经销

*

2022 年 12 月第 一 版 开本：850×1168 1/32
2022 年 12 月第一次印刷 印张：7 3/4
字数：205 000
定价：58.00 元
(如有印装质量问题，我社负责调换)

译 者 序

随着中国先进研究堆、中国绵阳研究堆和中国散裂中子源等大型中子设施的建成和运行，中子散射技术在我国快速发展，用户群体不断扩大，促使了这本广泛涵盖中子散射各个领域的口袋书的出版。本书能够使读者了解中子分析技术，助力科研人员了解物质各层次的结构，探讨结构与性能之间的关系，使其掌握一种现代分析技术。希望本书能对中子工作者在中子研究开展和深入方面起到一点积极的促进作用。

本书从基本的物理概念和原理出发，系统阐述了中子与材料发生散射的理论及谱仪的基本原理，如中子的产生及性质、中子散射技术等内容。通过学习本书，即便没有散射基础的读者也可较为全面地理解中子散射的理论和应用，并快速进入相关科研的前沿。

感谢翻译过程中同事们的鼎力相助，感谢科学出版社编辑为本书出版所做的努力，他们严谨认真的工作作风值得赞赏。由于学识所限，书中难免存在疏漏或不妥之处，热诚欢迎广大读者批评指正。

译　者

原 书 序

　　做本书的初衷是免费为大家提供一本广泛涵盖中子散射各个领域的口袋书，这一想法很快得到了积极的反馈。在出版后的几个月内，第一版的 5000 册就被全球不断发展的中子界"吸收"掉了——抢购一空。

　　由于第一版时间仓促，写作和印刷错误在所难免，亟需推出第二版，对第一版进行某些更正，并纠正一些遗漏，特别是 Alan Hewat 和 Garry McIntyre 撰写的有关连续源衍射方法的新篇章。

　　在此，我感谢劳厄–朗之万研究所 (ILL) 的科学总监 Christian Vettier，他是该项目的发起人，以及两位编辑，来自 Karlsruhe 的 Gerry Lander 和 Grenoble 的 Albert-José Dianoux，他们积极推动和实现了这个想法。当然还要感谢作者们，他们再次对紧迫的截止日期做出了积极的回应。

Colin Carlile

ILL Director

2003 年 3 月 16 日

原 书 前 言

欢迎使用《中子科学数据手册》。随着 X 射线和核物理手册的成功，以及日益增长的中子用户的需要，ILL 与 Old City Publishing 合作编写了这本"小册子"。

首先我们要感谢 ILL 的 Christian Vettier，是他说服我们承担了这项任务，并在许多方面帮助人们开展了合作。我们感谢所有做出真诚贡献的人；我们也意识到这不是研究文件，因此对它缺乏真正的热情。另外，我们希望他们（以及读者您）发现，首先它是"有用的"，然后觉得口袋中放一本小册子是中子散射实验操作的规范。我们感谢 ILL 的秘书们，他们为表格格式化投入了大量心血，依然保持冷静。

尽管这份文件是由 ILL 制作的，但散裂中子的重要性是我们大家公认的，希望您能在其中找到所需的有关中子的所有信息。如有错误和遗漏，希望告知编辑，以便在以后的版本以及上载网络时做出更正。热烈欢迎提出更新表格或章节的建议，特别是已有"志愿作者"来认领编写工作。

最后，感谢 Old City Publishing 的 Ian Mellanby 和 Guy Griffiths，他们坚持不懈，并制作出了精美的最终成品。

Albert-José Dianoux, ILL, Grenoble, France

Gerry Lander, ITU, Karlsruhe, Germany

目　　录

第 1 章　中 子 性 质

1.1　中子散射长度

H. Rauch, W. Waschkowski

1.1.1　简介

自由中子是许多实验的理想工具，例如，用于研究原子和分子结构以及凝聚态动力学。裂变和散裂过程能有效地产生自由中子。这些中子从慢化块中提取出来，并被引导到反应堆防护罩外的实验装置中。大多数实验中都需要单色中子，所以必须将其从热光谱中滤除并离开慢化剂。借助脉冲源或机械斩波器，飞行时间技术可以用来测量中子的能量和能量变化。中子的吸收、传输和散射也用于材料的非破坏性检测。

中子-原子核系统的散射长度是描述低能中子与单个原子核和原子结构相互作用强度和性质的基本物理量。散射长度的值在一个核与另一个核之间不规则地变化，这是因为它们强烈依赖于各个核相互作用的细节。因此，低能中子可以区分各种元素和同位素，是研究凝聚态物质静态和动态性质的重要工具。它们作为基本粒子，还可以用于详细研究基本粒子与周围环境的相互作用。在凝聚态物质结构和动力学研究、核研究、生物系统以及其他学科方面，散射长度都具有深刻的意义。在大多数情况下，化学元素和分离同位素精确可靠的散射长度值需要作为输入数据用于解释中子实验。

以往文献中已经给出了各种散射长度表，有时是为了收集包括参考文献在内的所有实验结果 [1-6]。热截面值也被加入进

去，因为当必须估计消光和背景效应时，它们也与散射实验相
关 [2,3,5,7]。

1.1.2　中子的性质

中子具有独特的粒子特性 (表 1.1.1)，这会影响实验散射结
果。它们几乎没有电学性能："无" 电荷，"无" 电偶极矩。中子
主要遵循核相互作用。但是它们的磁矩与磁性原子和离子的局部
磁场耦合。中子还表现出弱相互作用，这是中子衰变的原因。

表 1.1.1　中子的性质

质量	$m = 1.674928(1) \times 10^{-27}$ kg
自旋	$s = -h/2$
磁矩	$\mu = -9.6491783(18) \times 10^{-27}$ J·T^{-1}
β-衰变寿命	$\tau = (885.9 \pm 0.9)$ s
约束半径	$R = 0.7$ fm
夸克结构	udd

1.1.3　散射长度

低能中子在质心系统中各向同性地散射，表明散射过程中没
有轨道动量 ($l = 0$)。这一事实可以等价表述为，相互作用范围
远小于中子质心波长 λ。这使得在 Born 近似和普通散射理论中，
能够以费米赝势形式引入点接触 (point-like interaction) 相互作
用 [8]

$$V(\boldsymbol{r}) = \frac{2\pi\hbar^2}{m_r} a\delta(\boldsymbol{r}) \tag{1.1.1}$$

其中，$m_r = m_\mathrm{n} m_k/(m_\mathrm{n} + m_k)$ 是中子 (m_n)-原子核系统的约化
质量。这里 a 是自由散射长度，它与散射球面波的散射振幅 $f_\circ$
有关，即 $f_\circ = -a$。这样定义的势相当于无限高的排斥势，有关
系 $a = R$，R 为散射势的半径。

众所周知,平面中子波 (波数 k) 被单个固定核 (自旋 $I = 0$) 散射会产生球面散射波:$f(\theta)\exp(\mathrm{i}kr)r$。在 Born 近似下,该情形的散射振幅不依赖于散射角,得到

$$f(\theta) = -a \tag{1.1.2}$$

更严格地说,对于慢速中子,s 波散射起主导作用,并导致 s 波相移 δ_o。散射振幅 f_o 是下面这样的复数形式:

$$f_\mathrm{o} = \frac{1}{2\mathrm{i}k_\mathrm{o}}(\mathrm{e}^{-2\mathrm{i}\delta_\mathrm{o}} - 1), \quad \mathrm{Re}(f_\mathrm{o}) = -a \tag{1.1.3}$$

这种关系表明,散射长度主导了相移与相互作用粒子的动量的依赖程度。因此,在低能量极限下,有关系式 $a \cong \delta_\mathrm{o}/k$。

在光学理论中,总散射截面强度 σ_s 由散射振幅的虚部给出。

$$\sigma_\mathrm{s} = \frac{4\pi}{k}\mathrm{Im}(f_\mathrm{o}) \tag{1.1.4}$$

散射振幅由势和共振部分组成,可以由共振参数确定。

$$\begin{aligned} \mathrm{Re}(f_\mathrm{o}) &= f_p + f_r \\ &= \frac{1}{2k_\mathrm{o}}\left[(1 - \Sigma_2)\sin 2\delta_\mathrm{o} - \Sigma_1 \cos 2\delta_\mathrm{o}\right] \end{aligned} \tag{1.1.5}$$

$$\mathrm{Im}(f_\mathrm{o}) = \frac{1}{2k_\mathrm{o}}\left[1 - (1 - \Sigma_2)\cos 2\delta_\mathrm{o} - \Sigma_1 \sin 2\delta_\mathrm{o}\right]$$

利用 Breit-Wigner 形式,总和表示成

$$\begin{aligned} \Sigma_1 &= \sum_r \frac{k}{k_r}\frac{\Gamma_{nr}(E - E_r)}{(E - E_r)^2 + \frac{\Gamma_r^2}{4}} \\ \Sigma_2 &= \sum_r \frac{k}{k_r}\frac{\Gamma_{nr}\Gamma_r/2}{(E - E_r)^2 + \frac{\Gamma_r^2}{4}} \end{aligned} \tag{1.1.6}$$

这里，必须对所有 (包括可分辨和不可分辨的共振，以及负能的束缚能级) 共振 r 的能量 E_r 进行求和。Γ_{nr} 代表中子散射宽度，Γ_r 代表总 (散射和吸收) 宽度。

对于自旋 I 为 0 的原子核，与 s 波中子相互作用会导致两个复合自旋态 ($I+1/2$ 和 $I-1/2$)，因此必须用自旋统计因子 $g_{\pm}$ 对共振和进行加权。

$$g_+ = \frac{I+1}{2I+1}; \quad g_- = \frac{I}{2I+1}$$
$$\Sigma_{1,2} = g_+ \Sigma_{1,2}^+ + g_- \Sigma_{1,2}^- \tag{1.1.7}$$

散射振幅的势部分是与自旋无关的势散射半径 R'，R' 是有理论意义的 (图 1.1.1)。Aleksejev 等根据实验数据系统计算了中子-原子核散射参数 [9]。

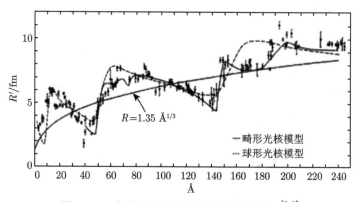

图 1.1.1   散射振幅势的半径测量和计算值 [2,3]

中子光学现象是中子与许多散射中心的共同相互作用产生的。因此，平均相移 $\langle \delta_o \rangle$ 或平均相互作用势就变得很重要。在这种情况下，动量传递发生粒子整体上，因此质心系统等价于实验室系统，这样束缚散射长度 $b = a(m_n + m_k)/m_k$，其平均值表示相干散射长度 b_c。

$$b_{\mathrm{c}} = g_+ b_+ + g_- b_- \tag{1.1.8}$$

它的方差决定了非相干散射长度 b_{i}:

$$b_{\mathrm{i}}^2 = g_+ g_- \left(b_+ - b_-\right)^2 \tag{1.1.9}$$

相关截面为

$$\sigma_{\mathrm{c}} = 4\pi b_{\mathrm{c}}^2, \quad \sigma_{\mathrm{i}} = 4\pi b_{\mathrm{i}}^2 \tag{1.1.10}$$

总散射截面变为

$$\sigma_{\mathrm{t}} = \sigma_{\mathrm{c}} + \sigma_{\mathrm{i}} \tag{1.1.11}$$

当中子动能为 $E = \hbar^2/2m_{\mathrm{n}}\lambda^2$ 时, 原子核集体的密度为 N, 折射率 n 可以表示成平均势 $\overline{V}$ 的内部波数 (K) 和外部波数 (k) 之比, 由式 (1.1.1), 可表示为

$$n^2 - 1 = -\frac{\overline{V}}{E} = -\lambda^2 N b_{\mathrm{c}}/\pi \tag{1.1.12}$$

推导出折射率为

$$n = \frac{K}{k} = \sqrt{1 - \frac{\overline{V}}{E}} \cong 1 - \lambda^2 \frac{N b_{\mathrm{c}}}{2\pi} \tag{1.1.13}$$

在这种简单的处理中, 吸收和磁效应被忽略了.

当考虑吸收 (反应) 过程时, 将获得以下复数形式的折射率 [10,11]:

$$n = 1 - \frac{\lambda^2 N}{2\lambda} \sqrt{b_{\mathrm{c}}^2 - \left(\frac{\sigma_r}{2\lambda}\right)^2} + \mathrm{i}\frac{\sigma_r N \lambda}{4\pi} \tag{1.1.14}$$

其中, $\sigma_r = \sigma_{\mathrm{a}} + \sigma_{\mathrm{i}}$ 包含吸收截面和非相干散射截面两项.

1.1.4 测量方法

散射长度可以从整个截面测量值中得出, 但是这种求值方法需要做大量的必要校正. 因此, 在光学现象的基础上, 人们发展

了更直接确定相干散射长度的技术。确定相干散射长度的方法有
很多种，因为所有集体相互作用效应都以该量为特征。标准的方
法基于布拉格衍射；而先进的方法使用经典的中子光学，其中散
射长度和可测量量之间存在更直接的关系 [4,11]。这意味着，在求
值过程中，必要的校正更少，并且推导出的数值的准确度更高。
在确定散射长度精度的过程中，为基础研究所做的努力也推动了
单晶中子干涉仪 [12] 和重力折射计 [13] 的技术的发展。利用这两
种技术，可以实现 $\Delta b/b = 10^{-4}$ 的可信度。

先进的测量相干散射长度的方法是全反射、克里斯蒂安森滤
波技术和中子干涉测量法。通过中子和原子核的极化技术可以得
到自旋相关散射长度，它对理论解释和同位素替换技术具有特别
的意义。非相干核偏振相关截面也可以由自由散射截面和直接测
量的散射长度的组合来确定。自由势散射半径是光核模型理论的
基础，它可以从相干散射长度中减去共振贡献推导出来。关于这
些技术的更多信息，可以参考文献 [6, 11]。

1.1.5 相干散射长度和热截面数据

这个新的汇编旨在给出元素 (如果适用于同位素) 的建议相
干散射长度，还给出了建议误差线，所有工作将根据尽可能好的
标准来完成，例如检查全套核数据的一致性 (吸收截面和散射截
面的能量相关性、非相干性，自旋相关散射长度)。表 1.1.2 展示
了参考值。对于自旋相关散射长度，存在一组备选的 b_+ 和 b_-
值，因为在大多数情况下 $(b_+ - b_-)^2$ 已经被测量。表 1.1.2 的第
7 列指出了单独的 $(b_+ - b_-)$ 值是否已知 $(+/-)$ 和/或散射长度
是否存在很强的能量依赖性 (E)。该表给出了最可能的情形。符
号的解释如表 1.1.3 所示。

表 1.1.2 常用元素的中子散射长度和散射截面数据

ZSymbA	p 或 $T_{1/2}$	I	b_c	b_+	b_-	c	σ_{coh}	σ_{inc}	σ_{scatt}	σ_{abs}
0-N-1	10.3MIN	1/2	−37.0(6)	0	−37.0(6)		43.01(2)	80.26(6)	43.01(2)	0
1-H			−3.7409(11)				1.7568(10)	80.27(6)	82.02(6)	0.3326(7)
1-H-1	99.985	1/2	−3.7423(12)	10.817(5)	−47.420(14)	+/−	1.7583(10)	80.27(6)	82.03(6)	0.3326(7)
1-H-2	0.0149	1	6.674(6)	9.53(3)	0.975(60)		5.592(7)	2.05(3)	7.64(3)	0.000519(7)
1-H-3	1/2	1/2	4.792(27)	4.18(15)	6.56(37)		2.89(3)	0.14(4)	3.03(5)	$<6.0\times10^{-6}$
2-He			3.26(3)	0			134(2)	0	1.34(2)	0.00747(1)
2-He-3	0.00013	1/2	5.74(7)	4.374(70)	9.835(77)	E	4.42(10)	1.532(20)	6.0(4)	5333.0(7.0)
2-He-4	0.99987	0	3.26(3)				1.34(2)	0	1.34(2)	0
3-Li			−1.90(3)				0.454(10)	0.92(3)	1.37(3)	70.5(3)
3-Li-6	7.5	1	2.0(1)	0.67(14)	4.67(17)	+/−	0.51(5)	0.46(5)	0.97(7)	940.0(4.0)
3-Li-7	92.5	3/2	−2.22(2)	−4.15(6)	1.00(8)	+/−	0.619(11)	0.78(3)	1.40(3)	0.00454(3)
4-Be-9	100	3/2	7.79(1)				7.63(2)	0.0018(9)	7.63(2)	0.0076(8)
5-B			5.30(4)				3.54(5)	1.70(12)	5.24(11)	767.0(8.0)
5-B-10	19.4	3	−0.2(4)	−4.2(4)	5.2(4)		0.144(6)	3.0(4)	3.1(4)	3835.0(9.0)
5-B-11	80.2	3/2	6.65(4)	5.6(3)	8.3(3)		5.56(7)	0.21(7)	5.77(10)	0.0055(33)
6-C			6.6484(13)				5.551(2)	0.001(4)	5.551(3)	0.00350(7)
6-C-12	98.89	0	6.6535(14)				5.559(3)	0	5.559(3)	0.00353(7)
6-C-13	1.11	1/2	6.19(9)	5.6(5)	6.2(5)	+/−	4.81(14)	0.034(11)	4.84(14)	0.00137(4)

续表

ZSymbA	p 或 T_{1/2}	I	b_c	b_+	b_-	c	σ_{coh}	σ_{inc}	σ_{scatt}	σ_{abs}
7-N			9.36(2)				11.01(5)	0.50(12)	11.51(11)	1.90(3)
7-N-14	99.635	1	9.37(2)	10.7(2)	6.2(3)		11.03(5)	0.50(12)	11.53(11)	1.91(3)
7-N-15	0.365	1/2	6.44(3)	6.77(10)	6.21(10)		5.21(5)	0.00005(10)	5.21(5)	0.000024(8)
8-O			5.805(4)				4.232(6)	0.000(8)	4.232(6)	0.00019(2)
8-O-16	99.75	0	5.805(5)				4.232(6)	0	4.232(6)	0.00010(2)
8-O-17	0.039	5/2	5.6(5)	5.52(20)	5.17(20)		4.30(22)	0.004(3)	4.20(22)	0.236(10)
8-O-18	0.208	0	5.84(7)				4.29(10)	0	4.29(10)	0.00016(1)
9-F-19	100	1/2	5.654(12)	5.632(10)	5.767(10)	+/-	4.017(14)	0.0008(2)	4.018(14)	0.0096(5)
10-Ne			4.566(6)				2.620(7)	0.008(9)	2.628(6)	0.039(4)
10-Ne-20	90.5	0	4.631(6)				2.695(7)	0	2.695(7)	0.036(4)
10-Ne-21	0.27	3/2	6.66(19)				5.6(3)	0.05(2)	5.7(3)	0.67(11)
10-Ne-22	9.2	0	3.87(1)				1.88(1)	0	1.88(1)	0.046(6)
11-Na-23	100	3/2	3.63(2)	6.42(4)	-1.00(6)	+/-	1.66(2)	1.62(3)	3.28(4)	0.530(5)
12-Mg			5.375(4)				3.631(5)	0.08(6)	3.71(4)	0.063(3)
12-Mg-24	78.99	0	5.49(18)				4.03(4)	0	4.03(4)	0.050(5)
12-Mg-25	10	5/2	3.62(14)	4.73(30)	1.76(20)	+/-	1.65(13)	0.28(4)	1.93(14)	0.19(3)
12-Mg-26	11	0	4.89(15)				3.00(18)	0	3.00(18)	0.0382(8)
13-Al-27	100	5/2	3.449(5)	3.67(2)	3.15(2)		1.495(4)	0.0082(6)	1.503(4)	0.231(3)
14-Si			4.15071(22)				2.1633(10)	0.004(8)	2.167(8)	0.171(3)

续表

ZSymbA	p或T$_{1/2}$	I	b$_c$	b$_+$	b$_-$	c	σ$_{coh}$	σ$_{inc}$	σ$_{scatt}$	σ$_{abs}$
14-Si-28	92.2	0	4.106(6)				2.120(6)	0	2.120(6)	0.177(3)
14-Si-29	4.7	1/2	4.7(1)	4.50(15)	4.7(4)	+/−	2.78(12)	0.001(2)	2.78(12)	0.101(14)
14-Si-30	3.1	0	4.58(8)				2.64(9)	0	2.64(9)	0.107(2)
15-P-31	**100**	**1/2**	**5.13(1)**			**+/−**	**3.307(13)**	**0.005(10)**	**3.312(16)**	**0.172(6)**
16-S		**0**	**2.847(1)**				**1.0186(7)**	**0.007(5)**	**1.026(5)**	**0.53(1)**
16-S-32	95	0	2.804(2)				0.9880(14)	0	0.9880(14)	0.54(4)
16-S-33	0.74	3/2	4.74(19)				2.8(2)	0.3(6)	3.1(6)	0.54(4)
16-S-34	4.2	0	3.48(3)				1.52(3)	0	1.52(3)	0.227(5)
16-S-36	0.02	0	3.0(1.0)*				1.1(8)	0	1.1(8)	0.15(3)
17-Cl		**3/2**	**9.5792(8)**				**11.528(2)**	**5.3(5)**	**16.8(5)**	**33.5(3)**
17-Cl-35	75.77	3/2	11.70(9)	16.3(2)	4.0(3)		17.06(6)	4.7(6)	21.8(6)	44.1(4)
17-Cl-37	24.23	3/2	3.08(6)	3.10(7)	3.05(7)		1.19(5)	0.001(3)	1.19(5)	0.433(6)
18-Ar		**0**	**1.909(6)**				**0.458(3)**	**0.225(5)**	**0.683(4)**	**0.675(9)**
18-Ar-36	0.34	0	24.9(7)				77.9(4)	0	77.9(4)	5.2(5)
18-Ar-38	0.07	0	3.5(3.5)				1.5(3.1)	0	1.5(3.1)	0.8(5)
18-Ar-40	99.59	0	1.7				0.421(3)	0	0.421(3)	0.660(9)
19-K		**3/2**	**3.67(2)**				**1.69(2)**	**0.27(11)**	**1.96(11)**	**2.1(1)**
19-K-39	93.3	3/2	3.79(2)	5.15	1.51		1.76(2)	0.25(11)	2.01(11)	2.1(1)
19-K-40	0.012	4	3.1(1.0)*				1.1(6)	0.5(5)*	1.6(9)	35.0(8.0)

续表

ZSymbA	p 或 $T_{1/2}$	I	b_c	b_+	b_-	c	σ_{coh}	σ_{inc}	σ_{scatt}	σ_{abs}
19-K-41	6.7	3/2	2.69(8)				0.91(5)	0.3(6)	1.2(6)	1.46(3)
20-Ca		**0**	**4.70(2)**				**2.78(2)**	**0.05(3)**	**2.83(2)**	**0.43(2)**
20-Ca-40	96.94	0	4.78(5)				2.90(2)	0	2.90(2)	0.41(2)
20-Ca-42	0.64	0	3.36(10)				1.42(8)	0	1.42(8)	0.68(7)
20-Ca-43	0.13	7/2	−1.56(9)				0.31(4)	0.5(5)	0.8(5)	6.2(6)
20-Ca-44	2.13	0	1.42(6)				0.25(2)	0	0.25(2)	0.88(5)
20-Ca-46	0.003	0	3.55(21)				1.6.(2)	0	1.6(2)	0.74(7)
20-Ca-48	0.18	0	0.39(9)				0.019(9)	0	0.019(9)	1.09(14)
21-Sc-45	**100**	**7/2**	**12.1(1)**	**6.91(22)**	**18.99(28)**	**+/−**	**19.0(3)**	**4.5(3)**	**23.5(6)**	**27.5(2)**
22-Ti			**−3.370(13)**				**1.485(2)**	**2.870(3)**	**4.35(3)**	**6.09(13)**
22-Ti-46	8	0	4.72(5)				3.05(7)	0	3.05(7)	0.59(18)
22-Ti-47	7.5	5/2	3.53(7)	0.46(23)	7.64(13)		1.66(11)	1.5(2)	3.2(2)	1.7(2)
22-Ti-48	73.7	0	−5.86(2)				4.65(3)	0	4.65(3)	7.84(25)
22-Ti-49	5.5	7/2	0.98(5)	2.6(3)	−1.2(4)		0.14(1)	3.3(3)	3.4(3)	2.2(3)
22-Ti-50	5.3	0	5.88(10)				4.80(12)	0	4.80(12)	0.179(3)
23-V			**−0.443(14)**				**0.01838(12)**	**5.08(6)**	**5.10(6)**	**5.08(4)**
23-V-50	0.25	6	7.6(6)*				7.3(1.1)	0.5(5)*	7.8(1.0)	60.0(40.0)
23-V-51	99.75	7/2	−0.402(2)	4.93(25)	−7.58(28)	+/−	0.0203(2)	5.07(6)	5.09(6)	4.9(1)
24-Cr			**3.635(7)**				**1.660(6)**	**1.83(2)**	**3.49(2)**	**3.05(6)**

续表

ZSymbA	p 或 $T_{1/2}$	I	b_c	b_+	b_-	c	σ_{coh}	σ_{inc}	σ_{scatt}	σ_{abs}
24-Cr-50	4.35	0	-4.50(5)				2.54(6)	0	2.54(6)	15.8(2)
24-Cr-52	83.8	0	4.914(15)				3.042(12)	0	3.042(12)	0.76(6)
24-Cr-53	9.59	3/2	-4.20(3)	1.16(10)	-13.0(2)		2.22(3)	5.93(17)	8.15(17)	18.1(1.5)
24-Cr-54	2.36	0	4.55(10)				2.60(11)	0	2.60(11)	0.36(4)
25-Mn-55	100	5/2	-3.750(18)	-4.93(46)	-1.46(33)		1.75(2)	0.40(2)	2.15(3)	13.3(2)
26-Fe			9.45(2)				11.22(5)	0.40(11)	11.62(10)	2.56(3)
26-Fe-54	5.8	0	4.2(1)				2.2(1)	0	2.2(1)	2.25(18)
26-Fe-56	91.7	0	10.1(2)				12.42(7)	0	12.42(7)	2.59(14)
26-Fe-57	2.19	1/2	2.3(1)				0.66(6)	0.3(3)*	1.0(3)	2.48(30)
26-Fe-58	0.28	0	15(7)				28.0(26.0)	0	28.0(26.0)	1.28(5)
27-Co-59	100	7/2	2.49(2)	-9.21(10)	3.58(10)	+/-	0.779(13)	4.8(3)	5.6(3)	37.18(6)
28-Ni			10.3(1)				13.3(3)	5.2(4)	18.5(3)	4.49(16)
28-Ni-58	67.88	0	14.4(1)				26.1(4)	0	26.1(4)	4.6(3)
28-Ni-60	26.23	0	2.8(1)				0.99(7)	0	0.99(7)	2.9(2)
28-Ni-61	1.19	3/2	7.60(6)				7.26(11)	1.9(3)	9.2(3)	2.5(8)
28-Ni-62	3.66	0	-8.7(2)				9.5(4)	0	9.5(4)	14.5(3)
28-Ni-64	1.08	0	-0.37(7)				0.017(7)	0	0.017(7)	1.52(3)
29-Cu			7.718(4)				7.485(8)	0.55(3)	8.03(3)	3.78(2)
29-Cu-63	69.1	3/2	6.477(13)			+/-	5.2(2)	0.006(1)	5.2(2)	4.50(2)

续表

ZSymbA	p 或 $T_{1/2}$	I	b_c	b_+	b_-	c	σ_{coh}	σ_{inc}	σ_{scatt}	σ_{abs}
29-Cu-65	30.9		10.204(20)			+/−	14.1(5)	0.40(4)	14.5(5)	2.17(3)
30-Zn			**5.680(5)**				**4.054(7)**	**0.077(7)**	**4.131(10)**	**1.11(2)**
30-Zn-64	48.9	0	523(4)				3.42(5)	0	3.42(5)	0.93(9)
30-Zn-66	27.8	0	5.98(5)				4.48(8)	0	4.48(8)	0.62(6)
30-Zn-67	4.1	5/2	7.58(8)	5.8(5)	10.1(7)	+/−	7.18(15)	0.28(3)	7.46(15)	6.8(8)
30-Zn-68	18.6	0	6.04(3)				4.57(5)	0	4.57(5)	1.1(1)
30-Zn-70	0.62	0	6.9(1.0)*				4.5(1.5)	0	4.5(1.5)	0.092(5)
31-Ga			**7.288(2)**				**6.675(4)**	**0.16(3)**	**6.83(3)**	**2.75(3)**
31-Ga-69	60	3/2	8.043(16)	6.3(2)	10.5(4)	+/−	7.80(4)	0.091(11)	7.89(4)	2.18(5)
31-Ga-71	40	3/2	6.170(11)	5.5(6)	7.8(1)	+/−	5.15(5)	0.084(8)	5.23(5)	3.61(10)
32-Ge			**8.185(20)**				**8.42(4)**	**0.18(7)**	**8.60(6)**	**2.20(4)**
32-Ge-70	20.7	0	10.0(1)				12.6(3)	0	12.6(3)	3.0(2)
32-Ge-72	27.5	0	8.51(10)				9.1(2)	0	9.1(2)	0.8(2)
32-Ge-73	7.7	9/2	5.02(4)	8.1(4)	1.2(4)		3.17(5)	1.5(3)	4.7(3)	15.1(4)
32-Ge-74	36.4	0	7.58(10)				7.2(2)	0	7.2(2)	0.4(2)
32-Ge-76	7.7	0	8.2(1.5)				8.0(3.0)	0	8.0(3.0)	0.16(2)
33-As-75	**100**	**3/2**	**6.58(1)**	**6.04(5)**	**7.47(8)**	**+/−**	**5.44(2)**	**0.060(10)**	**5.50(2)**	**4.5(1)**
34-Se			**7.970(9)**				**7.98(2)**	**0.32(6)**	**8.30(6)**	**11.7(2)**
34-Se-74	0.9	0	0.8(3.0)				0.1(6)	0	0.1(6)	51.8(1.2)

续表

ZSymbA	p或$T_{1/2}$	I	b_c	b_+	b_-	c	σ_{coh}	σ_{inc}	σ_{scatt}	σ_{abs}
34-Se-76	9	0	12.2(1)				18.7(3)	0	18.7(3)	85.0(7.0)
34-Se-77	7.5	0	8.25(8)				8.6(2)	0.05(25)	8.65(16)	42.0(4.0)
34-Se-78	23.5	0	8.24(9)				8.5(2)	0	8.5(2)	0.43(2)
34-Se-80	50	0	7.48(3)				7.03(6)	0	7.03(6)	0.61(5)
34-Se-82	8.84	0	6.34(8)				5.05(13)	0	5.05(13)	0.044(3)
35-Br			**6.79(2)**				**5.80(3)**	**0.10(9)**	**5.90(9)**	**6.9(2)**
35-Br-79	50.49	3/2	6.79(7)			+/−	5.81(2)	0.15(6)	5.96(13)	11.0(7)
35-Br-81	49.31	3/2	6.78(7)			+/−	5.79(12)	0.05(2)	5.84(12)	2.7(2)
36-Kr			**7.81(2)**				**7.67(4)**	**0.01(14)**	**7.68(13)**	**25.0(1.0)**
36-Kr-78	0.35	0						0		6.4(9)
36-Kr-80	2.5	0						0		11.8(5)
36-Kr-82	11.6	0						0		29.0(20.0)
36-Kr-83	11.5	9/2								185.0(30.0)
36-Kr-84	57	0							6.6	0.113(15)
36-Kr-86	17.3	0	8.07(26)				8.2(4)	0	8.2(4)	0.003(2)
37-Rb			**7.08(2)**				**6.32(4)**	**0.5(4)**	**6.8(4)**	**0.38(1)**
37-Rb-85	72.17	5/2	7.07(10)				6.2(2)	0.5(5)*	6.7(5)	0.48(1)
37-Rb-87	27.83	3/2	7.27(12)				6.6(2)	0.5(5)*	7.1(5)	0.12(3)
38-Sr			**7.02(2)**				**6.19(4)**	**0.06(11)**	**6.25(10)**	**1.28(6)**

续表

ZSymbA	p 或 $T_{1/2}$	I	b_c	b_+	b_-	c	σ_{coh}	σ_{inc}	σ_{scatt}	σ_{abs}
38-Sr-84	0.56	0	5.0(20)				6.0(20)	0	6.0(2.0)	0.87(7)
38-Sr-86	9.9	0	5.68(5)				4.04(7)	0	4.04(7)	1.04(7)
38-Sr-87	7	9/2	7.41(7)				6.88(13)	0.5(5)*	7.4(5)	16.0(3.0)
38-Sr-88	82.6	0	7.16(6)				6.42(11)	0	6.42(11)	0.058(4)
39-Y-89	**100**	**1/2**	**7.75(2)**	**8.4(2)**	5.8(5)	**+/−**	**7.55(4)**	**0.15(8)**	**7.70(9)**	**1.28(2)**
40-Zr			**7.16(3)**				**6.44(5)**	**0.02(15)**	**6.46(14)**	**0.185(3)**
40-Zr-90	51.48	0	6.5(1)				5.1(2)	0	5.1(2)	0.011(59)
40-Zr-91	11.23	5/2	8.8(1)	7.9(2)	10.1(2)	+/−	9.5(2)	0.15(4)	9.7(2)	1.17(10)
40-Zr-92	17.11	0	7.5(2)				6.9(4)	0	6.9(4)	0.22(6)
40-Zr-94	17.4	0	8.3(2)				8.4(4)	0	8.4(4)	0.0499(24)
40-Zr-96	2.8	0	5.5(1)				3.8(1)	0	3.8(1)	0.0229(10)
41-Nb-93	**100**	**9/2**	**7.054(3)**	**7.06(4)**	7.35(4)	**+/−**	**6.253(5)**	**0.0024(3)**	**6.255(5)**	**1.15(6)**
42-Mo	**100**		**6.715(20)**				**5.67(3)**	**0.04(5)**	**5.71(4)**	**2.48(4)**
42-Mo-92	15.48	0	6.93(8)				6.00(14)	0	6.00(14)	0.019(2)
42-Mo-94	9.1	0	6.82(7)				5.81(12)	0	5.81(12)	0.015(2)
42-Mo-95	15.72	5/2	6.93(7)				6.00(10)	0.5(5)*	6.5(5)	13.1(3)
42-Mo-96	16.53	0	6.22(6)				4.83(9)	0	4.83(9)	0.5(2)
42-Mo-97	9.5	5/2	7.26(8)				6.59(15)	0.5(5)*	7.1(5)	2.5(2)
42-Mo-98	23.78	0	6.60(7)				5.44(12)	0	5.44(12)	0.127(6)

续表

ZSymbA	p 或 $T_{1/2}$	I	b_c	b_+	b_-	c	σ_{coh}	σ_{inc}	σ_{scatt}	σ_{abs}
42-Mo-100	9.6	0	6.75(7)				5.69(12)	0	5.69(12)	0.4(2)
43-Tc-99	210000 Y	9/2	6.8(3)				5.8(5)	0.5(5)*	6.3(7)	20.0(1.0)
44-Ru			7.02(2)				6.21(5)	0.4(1)	6.6(1)	2.56(13)
44-Ru-96	5.8	0						0		0.28(2)
44-Ru-98	1.9	0						0		<8.0
44-Ru-99	12.7	5/2								6.9(1.0)
44-Ru-100	12.6	0						0		4.8(6)
44-Ru-l01	17.07	5/2								3.3(9)
44-Ru-102	31.61	0						0		1.17(7)
44-Ru-104	18.58	0						0		0.31(2)
45-Rh-103	100	1/2	5.90(4)	8.15(6)	6.74(6)		4.34(6)	0.3(3)*	4.6(3)	144.8(7)
46-Pd			5.91(6)				4.39(9)	0.093(9)	4.48(9)	6.9(4)
46-Pd-102	1	0	7.7(7)*				7.5(1.4)	0	7.5(1.4)	3.4(3)
46-Pd-104	11	0	7.7(7)*				7.5(1.4)	0	7.5(1.4)	0.6(3)
46-Pd-105	22.33	5/2	5.5(3)			+/-	3.8(4)	0.8(1.0)	4.6(1.1)	20.0(3.0)
46-Pd-106	27.33	0	6.4(4)				5.1(6)	0	5.1(6)	0.304829
46-Pd-108	26.71	0	4.1(3)				2.1(3)	0	2.1(3)	8.5(5)
46-Pd-110	11.8	0	7.7(7)*				7.5(1.4)	0	7.5(1.4)	0.226(31)
47-Ag			5.922(7)				4.407(10)	0.58(3)	4.99(3)	63.3(4)

续表

ZSymbA	p 或 $T_{1/2}$	I	b_c	b_+	b_-	c	σ_{coh}	σ_{inc}	σ_{scatt}	σ_{abs}
47-Ag-107	51.8	1/2	7.555(11)	8.14(9)	5.8(3)	+/−	7.17(2)	0.13(3)	7.30(4)	37.6(1.2)
47-Ag-109	48.2	1/2	4.165(11)	3.24(8)	6.9(2)	+/−	2.18(1)	0.32(5)	2.50(5)	91.0(1.0)
48-Cd			**4.83(5)**			**E**	**3.04(6)**	**3.46(13)**	**6.50(12)**	**2520.0(50.0)**
48-Cd-106	1.2	0	5.0(2.0)*				3.1(2.5)	0	3.1(2.5)	1.0(2.0)
48-Cd-108	0.9	0	5.31(24)				3.7(1)	0	3.7(1)	1.1(3)
48-Cd-110	12.39	0	5.78(8)				4.4(1)	0	4.4(1)	11.0(1.0)
48-Cd-111	12.75	1/2	6.47(8)				5.3(2)	0.3(3)*	5.6(4)	24.0(5.0)
48-Cd-112	24.07	0	6.34(6)				5.1(2)	0	5.1(2)	2.2(5)
48-Cd-113	12.36	1/2	−8.0(1)			**E**	12.1(4)	0.3(3)*	12.4(5)	20600.0(400.0)
48-Cd-114	28.86	0	7.48(5)				7.1(2)	0	7.1(2)	0.34(2)
48-Cd-116	7.58	0	6.26(9)				5.0(2)	0	5.0(2)	0.075(13)
49-In			**4.065(20)**				**2.08(2)**	**0.54(11)**	**2.62(11)**	**193.8(1.5)**
49-In-113	4.28	9/2	5.39(6)				3.65(8)	0.000037(5)	3.65(8)	12.0(1.1)
49-In-115	95.72	9/2	4.00(3)	2.1(1)	6.4(4)		2.02(2)	0.55(11)	2.57(11)	202.0(2.0)
50-Sn			**6.225(2)**				**4.871(3)**	**0.022(5)**	**4.892(6)**	**0.626(9)**
50-Sn-112	1	0	6.0(1.0)*				4.5(1.5)	0	4.5(1.5)	1.00(11)
50-Sn-114	0.66	0	6.0(3)				4.8(5)	0	4.8(5)	0.114(30)
50-Sn-115	0.35	1/2	6.0(1.0)*				4.5(1.5)	0.3(3)*	4.8(1.5)	30.0(7.0)
50-Sn-116	14.3	0	6.10(1)				4.42(7)	0	4.42(7)	0.14(3)

续表

ZSymbA	p 或 $T_{1/2}$	I	b_c	b_+	b_-	c	σ_{coh}	σ_{inc}	σ_{scatt}	σ_{abs}
50-Sn-117	7.61	1/2	6.59(8)	0.22(10)	−0.23(10)		5.28(8)	0.3(3)*	5.6(3)	2.3(5)
50-Sn-118	24.03	0	6.23(4)				4.63(8)	0	4.63(8)	0.22(5)
50-Sn-119	8.58	1/2	6.28(3)	0.14(10)	0.0(1)		4.71(8)	0.3(3)*	5.0(3)	2.2(5)
50-Sn-120	32.86	0	6.67(4)				5.29(8)	0	5.29(8)	0.14(3)
50-Sn-122	4.72	0	5.93(3)				4.14(7)	0	4.14(7)	0.18(2)
50-Sn-124	5.94	0	6.15(3)				4.48(8)	0	4.48(8)	0.133(5)
51-Sb			**5.57(3)**				**3.90(4)**	**0.00(7)**	**3.90(6)**	**4.91(5)**
51-Sb-121	57.25	5/2	5.71(6)	5.7(2)	5.8(2)		4.10(9)	0.0003(19)	4.10(19)	5.75(12)
51-Sb-123	42.75	7/2	5.38(7)	5.2(2)	5.4(2)		3.64(9)	0.001(4)	3.64(9)	3.8(2)
52-Te			**5.68(2)**				**4.23(4)**	**0.09(6)**	**4.32(5)**	**4.7(1)**
52-Te-120	0.09	0	5.3(5)				3.5(7)	0	3.5(7)	2.3(3)
52-Te-122	2.4	0	3.8(2)				1.8(2)	0	1.8(2)	3.4(5)
52-Te-123	0.87	1/2	−0.05(25)	−1.2(2)	3.5(2)		0.002(3)	0.52(5)	0.52(5)	418.0(30.0)
52-Te-124	4.61	0	7.95(10)				8.0(2)	0	8.0(2	6.8(1.3)
52-Te-125	6.99	1/2	5.01(8)	4.9(2)	5.5(2)		3.17(10)	0.008(8)	3.18(10)	1.55(16)
52-Te-126	18.71	0	5.55(7)				3.88(10)	0	3.88(10)	1.04(15)
52-Te-128	31.79	0	5.88(8)				4.36(10)	0	4.36(10)	0.215(8)
52-Te-130	34.48	0	6.01(7)				4.55(11)	0	4.55(11)	0.29(6)
53-I-127	**100**	**5/2**	**5.28(2)**	**6.6(2)**	**3.4(2)**		**3.50(3)**	**0.31(6)**	**3.81(7)**	**6.15(6)**

续表

ZSymbA	p 或 $T_{1/2}$	I	b_c	b_+	b_-	c	σ_{coh}	σ_{inc}	σ_{scatt}	σ_{abs}
54-Xe			**4.69(4)**				**3.04(4)**	**0**		**23.9(1.2)**
54-Xe-124	0.1	0								165.0(20.0)
54-Xe-126	0.09	0								3.5(8)
54-Xe-128	1.9	0								<8.0
54-Xe-129	26.14	1/2								21.0(5.0)
54-Xe-130	3.3	0						0		<26.0
54-Xe-131	21.18	3/2								85.0(10.0)
54-Xe-132	26.89	0						0		0.45(6)
54-Xe-134	10.4	0						0		0.265(20)
54-Xe-136	8.9	0						0		0.26(2)
55-Cs-133	**100**	**7/2**	**5.42(2)**			**+/−**	**3.69(15)**	**021(5)**	**3.90(6)**	**29.0(1.5)**
56-Ba			**5.07(3)**				**3.23(4)**	**0.15(11)**	**3.38(10)**	**1.1(1)**
56-Ba-130	0.1	0	−3.6(6)				1.6(5)	0	1.6(5)	30.0(5.0)
56-Ba-132	0.09	0	7.8(3)				7.6(6)	0	7.6(6)	7.0(8)
56-Ba-134	2.4	0	5.7(1)				4.08(14)	0	4.08(14)	2.0(1.6)
56-Ba-135	6.59	3/2	4.66(10)				2.74(12)	0.5(5)*	3.2(5)	5.8(9)
56-Ba-136	7.81	0	4.90(8)				3.03(10)	0	3.03(10)	0.68(**17**)
56-Ba-137	11.32	3/2	6.82(10)				5.86(17)	0.5(5)*	6.4(5)	3.6(2)
56-Ba-138	71.66	0	4.83(8)				2.94(10)	0	294(19)	0.27(14)

续表

ZSymbA	p 或 $T_{1/2}$	I	b_c	b_+	b_-	c	σ_{coh}	σ_{inc}	σ_{scatt}	σ_{abs}
57-La			**8.24(4)**				**8.53(8)**	**1.13(19)**	**9.66(17)**	**8.97(2)**
57-La-138	0.09	5	8.0(2.0)*				8.0(4.0)	0.5(5)*	85(4.0)	57.0(6.0)
57-La-139	99.91	7/2	8.24(4)	11.4(3)	4.5(4)	+/−	8.53(8)	1.13(15)	9.66(17)	8.93(4)
58-Ce			**4.84(2)**				**2.94(2)**	**0.00(10)**	**2.94(10)**	**0.63(4)**
58-Ce-136	0.19	0	5.76(9)				4.23(13)	0	4.23(13)	7.3(1.5)
58-Ce-138	0.26	0	6.65(9)				5.64(15)	0	5.64(15)	1.1(3)
58-Ce-140	88.48	0	4.81(9)				2.94(11)	0	294(11)	0.57(4)
58-Ce-142	11.07	0	4.72(9)				2.84(11)	0	284(11)	0.95(5)
59-Pr-141	**100**	**5/2**	**4.58(5)**			**+/−**	**2.64(6)**	**0.015(3)**	**2.66(6)**	**11.5(3)**
60-Nd			**7.69(5)**				**7.43(19)**	**9.2(8)**	**16.6(8)**	**50.5(1.2)**
60-Nd-142	27.11	0	7.7(3)				7.5(6)	0	7.5(6)	18.7(7)
60-Nd-143	12.17	7/2	14.0(2.0)*				25.0(7.0)	55.0(7.0)	80.0(20)	337.0(10.0)
60-Nd-144	23.85	0	2.8(3)				1.0(2)	0	1.0(2)	3.6(3)
60-Nd-145	8.5	7/2	14.0(2.0)*				25.0(7.0)	5.0(5.0)*	30.0(9.0)	42.0(2.0)
60-Nd-146	17.22	0	8.7(2)				9.5(4)	0	9.5(4)	1.4(1)
60-Nd-148	5.7	0	5.7(3)				4.1(4)	0	4.1(4)	2.5(2)
60-Nd-150	5.6	0	5.28(20)				3.5(3)	0	3.5(3)	1.2(2)
61-Pm-147	**2.62 Y**	**7/2**	**12.6(4)**				**20.0(1.3)**	**1.3(20)**	**21.3(1.5)**	**168.4(3.5)**
62-Sm			**0.00(5)**			**E**	**0.422(9)**	**39.0(3.0)**	**39.4(3.0)**	**5922.0(560)**

续表

ZSymbA	p或$T_{1/2}$	I	b_c	b_+	b_-	c	σ_{coh}	σ_{inc}	σ_{scatt}	σ_{abs}
62-Sm-144	3.1	0	-3.0(4.0)*				1.0(3.0)	0	1.0(3.0)	0.7(3)
62-Sm-147	15	7/2	14.0(3.0)				25.0(11.0)	14.0(19.0.)	39.0(16.0)	57.0(3.0)
62-Sm-148	11.2	0	-3.0(4.0)*				1.0(3.0)	0	1.0(3.0)	2.4(6)
62-Sm-149	13.8	7/2	18.7(28)			E	63.5(6)	137.0(5.0)	200.0(5.0)	42080.0(400.0)
62-Sm-150	7.4	0	14.0(3.0)				25.0(11.0)	0	25.0(11.0)	104.0(4.0)
62-Sm-152	26.7	0	-5.0(6)				3.1(8)	0	3.1(8)	206.0(6.0)
62-Sm-154	22.8	0	8.0(1.0)				11.0(20)	0	11.0(2.0)	8.4(5)
63-Eu			**5.3(3)**			E	**6.57(4)**	**2.5(4)**	**9.2(4)**	**4530.0(40.0)**
63-Eu-151	47.8	5/2				E	5.5(2)	3.1(4)	8.6(4)	9100.0(100.0)
63-Eu-153	52.8	5/2	8.22(12)				8.5(2)	1.3(7)	9.8(7)	312.0(7.0)
64-Gd			**9.5(2)**			E	**29.3(8)**	**151.0(20)**	**180.0(20)**	**49700.8(125.0)**
64-Gd-152	0.2	0	10.0(3.0)*				13.0(8.0)	0	13.0(8.0)	735.0(20.0)
64-Gd-154	2.2	0	10.0(3.0)*				13.0(80)	0	13.0(8.0)	85.0(120)
64-Gd-155	14.9	3/2	13.8(3)			E	40.8(4)	25.0(6.0)	66.0(60)	61100.0(400.0)
64-Gd-156	20.6	0	6.3(4)				5.0(6)	0	5.0(6)	1.5(1.2)
64-Gd-157	15.7	3/2	4.0(2.0)			E	650.0(4.0)	394.0(7.0)	1044.0(80)	259000.0(700.0)
64-Gd-158	24.7	0	9.0(20)				10.0(5.0)	0	10.0(5.0)	2.2(2)
64-Gd-160	21.7	0	9.15(5)				10.52(11)	0	10.52(11)	0.77(2)
65-Tb-159	**100**	**3/2**	**7.34(2)**	**6.8(2)**	**8.1(2)**	**+/-**	**6.84(6)**	**0.004(3)**	**6.84(6)**	**23.4(4)**

ZSymbA	p 或 $T_{1/2}$	I	b_c	b_+	b_-	c	σ_{coh}	σ_{inc}	σ_{scatt}	σ_{abs}
66-Dy			**16.9(3)**				**35.9(8)**	**54.4(1.2)**	**90.3(9)**	**994.0(13.0)**
66-Dy-156	0.06	0	6.1(5)				4.7(8)	0	4.7(8)	33.0(3.0)
66-Dy-158	0.1	0	6.0(4.0)*				5.0(6.0)	0	5(6)	43.0(6.0)
66-Dy-160	2.3	0	6.7(4)				5.6(7)	0	5.6(7)	56.0(5.0)
66-Dy-161	18.9	5/2	10.3(4)				13.3(1.0)	3.0(1.0)	16.0(1.0)	600.0(25.0)
66-Dy-162	25.5	0	−1.4(5)				0.25(18)	0	0.25(18)	194.0(10.0)
66-Dy-162	24.9	5/2	5.0(4)	6.1(5)	3.5(5)		3.1(5)	0.21(19)	3.3(5)	124.0(7.0)
66-Dy-162	28.2	0	49.4(5)				307.0(3.0)	0	307.0(3.0)	2840.0(40.0)
67-Ho-165	**100**	**7/2**	**8.44(3)**	**6.9(2)**	**10.3(2)**	**+/−**	**8.06(8)**	**0.36(3)**	**842(16)**	**64.7(1.2)**
68-Er			**7.79(2)**				**7.63(4)**	**1.1(3)**	**87(3)**	**159.0(4.0)**
68-Er-162	0.14	0	9.01(11)				9.7(4)	0	9.7(4)	19.0(20)
68-Er-164	1.6	0	7.95(14)				8.4(4)	0	8.4(4)	13.0(2.0)
68-Er-166	33.4	0	10.51(19)				14.1(5)	0	14.1(5)	19.6(1.5)
68-Er-167	22.9	7/2	3.06(5)	5.3(3)	0.0(3)		1.1(2)	0.13(6)	1.2(2)	659.0(16.0)
68-Er-168	27	0	7.43(8)				6.9(7)	0	6.9(7)	2.74(8)
68-Er-170	15	0	9.61(6)				11.6(1.2)	0	11.6(1.2)	5.8(3)
69-Tm-169	**100**	**1/2**	**7.07(3)**			**+/−**	**6.28(5)**	**0.10(7)**	**6.38(9)**	**100.0(2.0)**
70-Yb			**12.41(3)**				**19.42(9)**	**4.0(2)**	**23.4(2)**	**34.8(8)**
70-Yb-168	0.14	0	−4.07(2)			E	2.13(2)	0	2.13(2)	2230.0(40.0)

续表

ZSymbA	p 或 $T_{1/2}$	I	b_c	b_+	b_-	c	σ_{coh}	σ_{inc}	σ_{scatt}	σ_{abs}
70-Yb-I70	3	0	6.8(1)				5.8(2)	0	5.8(2)	11.4(1.0)
70-Yb-I71	14.3	1/2	9.7(1)	6.5(2)	19.4(4)		11.7(2)	3.9(2)	15.6(3)	48.6(25)
70-Yb-I72	21.9	0	9.5(1)				11.2(2)	0	11.2(2)	0.8(4)
70-Yb-I73	16.3	5/2	9.56(10)	2.5(2)	13.3(3)		11.5(2)	3.5	15	17.1(1.3)
70-Yb-I74	31.8	0	19.2(1)				46.8(5)	0	46.8(5)	69.4(5.0)
70-Yb-I76	12.7	0	8.7(1)				9.6(2)	0	9.6(2)	2.85(5)
71-Lu			**7.21(3)**				**6.53(5)**	**0.7(4)**	**7.2(4)**	**74.0(2.0)**
71-Lu-175	97.4	7/2	7.28(9)				6.59(5)	0.6(4)	7.2(4)	21.0(3.0)
71-Lu-176	2.6	7	6.1(2)				4.7(2)	1.2(3)	5.9	2065.(35.)
72-Hf			**7.77(14)**				**7.6(3)**	**2.6(5)**	**10.2(4)**	**104.1(5)**
72-Hf-174	0.184	0	10.9(1.1)				15.0(3.0)	0	15.0(3.0)	561.0(35.0)
72-Hf-176	5.2	0	6.61(18)				5.5(3)	0	5.5(3)	23.5(3.1)
72-Hf-177	18.5	0	0.8(1.0)*				0.1(2)	0.1(3)	0.2(2)	373.0(10.0)
72-Hf-178	27.2	0	5.9(2)				4.4(3)	0	4.4(3)	84.0(4.0)
72-Hf-179	13.8	9/2	7.46(16)				7.0(3)	0.14(2)	7.1(3)	41.0(3.0)
72-Hf-180	35.1	0	13.2(3)				21.9(1.0)	0	21.9(1.0)	13.04(7)
73-Ta			**6.91(7)**				**6.00(12)**	**0.01(17)**	**6.01(12)**	**20.6(5)**
73-Ta-180	0.012	9	7.0(20)*			+/-	6.2(3.5)	0.5(5)*	7.0(40)	563.0(60.0)
73-Ta-181	99.98	7/2	6.91(7)				6.00(12)	0.011(2)	6.01(12)	20.5(5)

续表

Z Symb A	p 或 $T_{1/2}$	I	b_c	b_+	b_-	c	σ_{coh}	σ_{inc}	σ_{scatt}	σ_{abs}
74-W			**4.755(18)**				**2.97(2)**	**1.63(6)**	**4.60(6)**	**1.83(2)**
74-W-180	0.13	0	5.0(3.0)*				3.0(4.0)	0	3.0(40)	30.0(20.0)
74-W-182	26.3	1/2	7.04(4)				6.10(7)	0	6.10(7)	20.7(5)
74-W-183	14.3	1/2	6.59(4)	6.3(4)	7.0(4)		5.36(7)	0.3(3)*	5.7(3)	10.1(3)
74-W-184	30.7	0	7.55(6)				7.03(11)	0	7.03(11)	1.7(1)
74-W-186	28.6	0	−0.73(4)				0.065(7)	0	0.065(7)	37.9(6)
75-Re			**9.2(2)**				**10.6(5)**	**0.9(6)**	**11.5(3)**	**89.7(1.0)**
75-Re-185	37.5	5/2	9.0(3)				10.2(7)	0.5(9)	10.7(6)	112.0(2.0)
75-Re-187	62.5	5/2	9.3(3)				10.9(7)	1.0(6)	11.9(4)	76.4(1.0)
76-Os			**10.7(2)**				**14.4(5)**	**0.3(8)**	**14.7(6)**	**16.0(4.0)**
76-Os-184	0.02	0	10.0(2.0)*				13.0(5.0)	0	13.0(5.0)	3000.0(150.0)
76-Os-186	1.6	0	12.0(1.7)				17.0(5.0)	0	17.0(5.0)	80.0(13.0)
76-Os-187	1.6	1/2	10.0(2.0)*				13.0(5.0)	0.3(3)*	13.0(5.0)	320.0(10.0)
76-Os-188	13.3	0	7.8(3)				7.3(6)	0	7.3(6)	4.7(5)
76-Os-189	16.1	3/2	11.0(3)				14.4(8)	0.5(5)*	14.9(9)	25.0(4.0)
76-Os-190	26.4	0	11.4(3)				15.2(8)	0	15.2(8)	13.1(3)
76-Os-192	41	0	11.9(4)				16.6(1.2)	0	16.6(1.2)	2.0(1)
77-Ir			**10.6(3)**				**14.1(8)**	**0.0(3.0)**	**14.0(3.0)**	**425.0(2.0)**
77-Ir-191	37.4	3/2								954.0(10.0)

续表

ZSymbA	p或$T_{1/2}$	I	b_c	b_+	b_-	c	σ_{coh}	σ_{inc}	σ_{scatt}	σ_{abs}
77-Ir-193	62.6	3/2								111.0(5.0)
78-Pt			**9.60(1)**				**11.58(2)**	**0.13(11)**	**11.71(11)**	**10.3(3)**
78-Pt-190	0.01	0	9.0(1.0)				10.0(2.0)	0	10.0(2.0)	152.0(4.0)
78-Pt-192	1.78	0	9.9(5)				12.3(1.2)	0	12.3(1.2)	10.0(2.5)
78-Pt-194	32.9	0	10.55(8)				14.0(2)	0	14.0(2)	1.44(19)
78-Pt-195	33.8	1/2	8.91(9)	9.5(3)	7.2(3)	+/−	9.8(2)	0.13(4)	9.9(2)	27.5(1.2)
78-Pt-196	25.3	0	9.89(8)				12.3(2)	0	12.3(2)	0.72(4)
78-Pt-198	7.2	0	7.8(1)				7.6(2)	0	7.6(2)	3.66(19)
79-Au-197	100	3/2	**7.90(7)**	**6.26(10)**	**9.90(14)**	+/−	**7.32(12)**	**0.43(5)**	**7.75(13)**	**98.65(9)**
80-Hg			**12.395(45)**				**20.24(5)**	**6.6(1)**	**26.8(1)**	**372.3(4.0)**
80-Hg-196	0.15	0	30.3(1.0)			E	115.0(8.0)	0	115.0(8.0)	3080.0(180.0)
80-Hg-198	10.1	0						0		2.0(3)
80-Hg-199	16.9	0	16.9(4)			E	36.0(2.0)	30.0(3.0)	66.0(2.0)	2150.0(48.0)
80-Hg-200	23.1	0						0		<60.0
80-Hg-201	13.2	3/2								7.8(20)
80-Hg-202	29.7	0	11.002(43)				15.2108(2)	0	15.2108(2)	4.89(5)

表 1.1.3 表 1.1.2 中符号的解释

编码	符号	解释
1	$Z\mathrm{Symb}A$	核素: 电荷数 Z-元素符号-质量数 A
2	P 或 $T_{1/2}$	丰度 (%) 或半衰期
3	I	核自旋
4	b_c	束缚相干散射长度 (fm)
5	b_+	$I + 1/2$ 自旋相关散射长度 (fm)
6	b_-	$I - 1/2$ 自旋相关散射长度 (fm)
7	c	独立 $(b_+ - b_-)$ 值可用 $(+/-)$ 或者很强地依赖于 (E) 存在
8	σ_{coh}	相干截面
9	σ_{inc}	非相干截面
10	σ_{scatt}	总截面
11	σ_{abs}	对于 0.0253eV 热吸收截面
*		估计值

所有散射截面都能由已知的散射长度公式 (式 (1.1.8)~
(1.1.11)) 算出, 但是在表中单独给出了测量值, 这些值与计算值
不一致, 反映出实验结果与计算结果相互矛盾的事实。

文献 [1] 给出了直到 1991 年所有测得的中子散射长度的总
结, 文献 [6] 给出了该总结中的参考推荐值。应该提到的是, 关
于许多同位素的散射长度, 尤其是自旋相关散射长度, 仍然缺乏
相关信息。请读者将新的或未引起注意的数值告知作者。预先表
示感谢。

在数据处理过程中得到了 M. Hainbuchner 和 E. Jericha 的
宝贵支持。

参 考 文 献

[1] Koester, L.; Rauch, H. & Seymann, E. Neutron scattering lengths: A
survey of experimental data and methods. Atomic Data and Nuclear
Data Tables 49, 65-120(1991).

[2] Mughabghab, S. F. Neutron Cross Sections: Neutron Resonance Pa-
rameters and Thermal Cross Sections Part A: $Z = 1 - 60$. (Elsevier
Science, 1981).

[3] Mughabghab, S. F. Neutron Cross Sections: Neutron Resonance Pa-

rameters and Thermal Cross Sections Part B: $Z = 61 - 100$. (Elsevier Science, 1984).

[4] Sears, V. F. Neutron Scattering Lengths and Cross Sections. Methods in Experimetal Physics 23, 521-550 (1986).

[5] Sears, V. F. Neutron scattering lengths and cross sections. Neutron News 3, 26-37, doi:10.1080/10448639208218770 (1992).

[6] Rauch, H. & Waschkowski, W. (Springer, Berlin, 2000).

[7] CINDA 2000 (1988-2000): The Index to Literature and Computer Files on Microscopic Neutron Data. (International Atomic Energy Agency, 2000).

[8] Fermi, E. & Marshall, L. Interference Phenomena of Slow Neutrons. Physical Review 71, 666-677, doi:10.1103/PhysRev.71.666 (1947).

[9] Aleksejev, A.; Barkanova, S.; Tambergs, J.; Krasta, T.; Waschkowski, W.; Knopf, K.: Z. Naturforschung. 53a (1998).

[10] Goldberger, M. L. & Seitz, F. Theory of the Refraction and the Diffraction of Neutrons by Crystals. Physical Review 71, 294-310, doi:10.1103/PhysRev.71.294 (1947).

[11] Sears, V. (New York–Oxford: Oxford University Press, 1989).

[12] Werner, S. A. & Rauch, H. (Oxford University Press, Oxford, 2000).

[13] Koester, L. & Steyerl, A. Neutron physics. (1977).

1.2　中子及其基本相互作用

D. Dubbers

1.2.1　简介

在大量实验中，人们用慢中子来研究粒子的物理特性、基本相互作用，以及它们潜在的对称性。其中一些实验致力于寻找"新物理"现象，以验证或排除目前标准粒子物理模型之外的理论。其他实验为第一代基本粒子的标准模型参数提供了高精度数据。另外，在宇宙学、天体物理学或中微子物理学等其他领域，它们也充当了输入的工作。最后，许多有关量子力学根基 (检验) 的实验主要是在中子光学领域。

现在的汇编仅限于列出测得的中子可观测量,以及一些导出量。约 24 个不同的基本物理问题需要以这些数字作为输入,文献 [1] 对此进行了讨论。我们只列出了涉及核子 (即中子、质子) 的参数,并未列出大量的涉及原子核的对称性检验及基本相互作用的中子实验结果。更多的细节可以查看粒子数据组 (particle data group) 的汇编、www-pdg.lbl.gov 和文献 [2],我们的大部分数据都取自这里;另外,会议记录见文献 [3]。

大多数情况下,我们给出的是全球平均值,括号内是 1σ 标准误差,在最后几位用括号内的数值表示,例如 $B = 0.983(4)$ 表示 $B = 0.983 \pm 0.004$。一些情况下,会提供不止一种结果,它们来自不同的竞争团队。当出现两个误差时,第一个表示统计误差,第二个表示系统误差。在一些情况下,我们根据使用经验给出四舍五入的值,同时给出可信度 (c.l.) 的上限和下限。最新结果发布的年份写在括号中。这里仅列出 [2] 中没有的文献。

1.2.2 引力相互作用

质量为

$$m_{\mathrm{n}} = 1.008\ 664\ 915\ 78(55), \quad \text{原子质量单位} \tag{1.2.1}$$

$$m_{\mathrm{n}}c^2 = 939.565\ 33(4)\ \mathrm{MeV} \tag{1.2.2}$$

引力质量与惯性质量比为 [4]

$$\gamma = 1.000\ 11(17) \tag{1.2.3}$$

在海平面的重力为

$$m_{\mathrm{n}}g = 102\ \mathrm{neV/m}$$

中子–质子质量差 (= 自由中子 β 衰变释放的能量,见文献 [4])

$$(m_{\mathrm{n}} - m_{\mathrm{p}})c^2 = 1.293\ 331\ 8(5)\ \mathrm{MeV} \tag{1.2.4}$$

中子–反中子的质量差为

$$\frac{m_{\mathrm{n}} - m_{\overline{\mathrm{n}}}}{m_{\mathrm{n}}} = (9 \pm 5) \times 10^{-5} \tag{1.2.5}$$

普朗克常数除以中子质量 [5], 得

$$\frac{\hbar}{m_{\mathrm{n}}} = 3.956\,033\,3(3) \times 10^{-7}\ \mathrm{m^2 \cdot s^{-1}} \tag{1.2.6}$$

导出量 (利用以上 $\hbar/m_{\mathrm{n}}$ 和 $m_{\mathrm{n}}/m_{\mathrm{p}}$): 精细结构常数 α

$$\alpha^{-1} = 137.036\,011(5) \tag{1.2.7}$$

1.2.3   电磁相互作用

电荷为

$$q = (-0.4 \pm 1.1) \times 10^{-21}, \quad \text{基本电荷} e \tag{1.2.8}$$

磁单极子 [6] 为

$$g = (0.85 \pm 2.2) \times 10^{-20}, \quad \text{Dirac电荷} e/2\alpha \tag{1.2.9}$$

电偶极矩 (宇称 P 和时间反演破缺) 为

$$d = (-0.1 \pm 0.36) \times 10^{-25}\ \mathrm{e \cdot cm} \tag{1.2.10}$$

$$d = (0.26 \pm 0.40 \pm 0.16) \times 10^{-25}\ \mathrm{e \cdot cm} \tag{1.2.11}$$

磁偶极矩为

$$\mu = -1.913\,042\,7(5), \quad \text{核磁子} \tag{1.2.12}$$

$$|\mu| = 60.31\ \mathrm{neV/T}$$

Larmor 频率 ν_{L} 为

$$\nu_{\mathrm{L}}/B = 29.16\ \mathrm{MHz/T}$$

以 $v_0 = 2200 \text{ m} \cdot \text{s}^{-1}$ 飞行的自旋转动数为

$$n = 1.326 \times 10^4 \text{ m}^{-1} \cdot \text{T}^{-1}$$

电极化率为

$$\alpha_n = [9.8(+1.9/-2.3)] \times 10^{-4} \text{ fm}^3 \tag{1.2.13}$$

磁化率为

$$\beta_n = (1.2 \cdots 7.6) \times 10^{-4} \text{ fm}^3 \quad (1\sigma\text{标准差}) \tag{1.2.14}$$

中子-电子散射长度 [9–11] 为

$$b_{ne} = (-1.32 \pm 0.03) \times 10^{-3} \text{ fm} \tag{1.2.15}$$

$$b_{ne} = (-1.38 \pm 0.03 \pm 0.03) \times 10^{-3} \text{ fm} \tag{1.2.16}$$

$$b_{ne} = (-1.59 \pm 0.04) \times 10^{-3} \text{ fm} \tag{1.2.17}$$

中子均方电荷半径为

$$\langle r_n^2 \rangle = (0.1161 \pm 0.0022) \text{ fm}^2 \tag{1.2.18}$$

1.2.4 弱相互作用

β-衰变：端点能量为

$$E_0 = 781.567(17) \text{ keV}$$

平均寿命 [2,10] 为

$$\tau_n = (885.8 \pm 0.9) \text{ s} \tag{1.2.19}$$

β 不对称参数 (P 对称破缺)[2,11] 为

$$A = -0.117\,0(13) \tag{1.2.20}$$

$\bar{v}$ 不对称参数 (P 对称破缺) 为

$$B = 0.983(4) \tag{1.2.21}$$

e-$\bar{v}$ 角相关系数为

$$a = -0.102(5) \tag{1.2.22}$$

三重相关系数 (T 对称破缺)[12] 为

$$D = (-0.6 \pm 1.0) \times 10^{-3} \tag{1.2.23}$$

导出量:

轴矢量与矢量弱耦合常数为 [24]

$$g_A/g_V = -1.272\,0(18) \tag{1.2.24}$$

CKM-夸克混合矩阵元为 [24]

$$V_{ud} = 0.972\,5(13) \tag{1.2.25}$$

CMK-矩阵的幺正偏差为 [24]

$$\Delta = 1 - (|V_{ud}|^2 + |V_{us}|^2 + |V_{ub}|^2) = (6.0 \pm 2.8) \times 10^{-3}$$

g_A 和 g_V 之间的相移 ($\varphi - 180°$ 对称破缺)[12] 为

$$\varphi = (180.08 \pm 0.10)° \tag{1.2.26}$$

右手性玻色子质量 $m(W_R)$[13] 为

$$m(W_R) > 281\text{GeV}/c^2 \quad (90\%\text{c.l.}) \tag{1.2.27}$$

左右耦合的混合角 [14] 为

$$-0.20 < \zeta < 0.07 \quad (90\%\text{c.l.}) \tag{1.2.28}$$

弱相互作用截面, 比如中微子–质子俘获截面 [15] 为

$$\sigma_{\text{o}} = 9.54 \times 10^{-44} \text{ cm}^2$$

宇宙中微子数 [16] 为

$$N_{\text{v}} = 2.6 \pm 0.3 \tag{1.2.29}$$

质子的极化中子俘获: γ-非对称 (P 对称破缺)[17] 为

$$A_{\gamma} = (-1.5 \pm 4.7) \times 10^{-8} \tag{1.2.30}$$

中子-反中子振荡时间为

$$\tau_{\text{n}\bar{\text{n}}} > 0.86 \times 10^{-8}\text{s} \quad (90\%\text{c.l.}) \tag{1.2.31}$$

1.2.5 强相互作用

中子–核子自由散射长度 [18] 为

$$a_{\text{np}} = (-23.5 \pm 0.8) \text{ fm} \tag{1.2.32}$$

$$a_{\text{nn}} = (-18.7 \pm 0.6) \text{ fm} \tag{1.2.33}$$

中子–质子束缚相干散射长度 [19] 为

$$b_{\text{np}} = -3.7409(11) \text{ fm} \tag{1.2.34}$$

中子–质子自旋无关散射长度差 [20] 为

$$b_{\text{np}}^+ - b_{\text{np}}^- = (58.24 \pm 0.02) \text{ fm} \tag{1.2.35}$$

中子–质子俘获截面 [21] 为

$$\sigma_{\text{c}} = 0.3326(7) \times 10^{-24} \text{ cm}^2 \tag{1.2.36}$$

三重态与单态俘获截面比值 [22] 为

$$\frac{\sigma_c^T}{\sigma_c^s} < 1.1 \times 10^{-3} \quad (95\% c.l.) \qquad (1.2.37)$$

质子的极化中子: γ-圆偏振极化 [23] 为

$$P_\gamma = (-1.5 \pm 0.3) \times 10^{-3} \qquad (1.2.38)$$

参 考 文 献

[1] Dubbers, D., The neutron, and some basic questions. Neutron News 1994, 5 (3), 21-24.

[2] Dubbers, D., Fundamental interactions (experiments). Nuclear Physics A, 1999, 654 (1), C297-C314.

[3] Hagiwara, K.; Hikasa, K.; Nakamura, K.; Tanabashi, M.; Aguilar-Benitez, M.; Amsler, C.; Barnett, R.; Burchat, P.; Carone, C.; Caso, C. J. P. R. D.-P., Fields, Gravitation, Cosmology, Review of Particle Physics: Particle data group. 2002, 66 (11), 100011-10001958.

[4] Butterworth, J.; Geltenbort, P.; Korobkina, E.; Nesvizhevsky, V.; Schreckenbach, K.; Zimmer, O., Proceedings of the International Workshop on Particle Physics with Slow Neutrons, held at Institut Laue-Langevin, Grenoble, France, October 22-24, 1998-Preface. In International Workshop on Particle Physics with Slow Neutrons, Elsevier Science BV PO BOX 211, 1000 AE Amsterdam, Netherlands: Grenoble, France, 2000.

[5] Schmiedmayer, J., The equivalence of the gravitational and inertial mass of the neutron. Nuclear Instruments and Methods in Physics Research Section A: Accelerators, Spectrometers, Detectors and Associated Equipment 1989, 284 (1), 59-62.

[6] Krüger, E.; Nistler, W.; Weirauch, W., Determination of the fine-structure constant by a precise measurement of h/mn. Metrologia 1995, 32 (2), 117-128.

[7] Kruger, E.; Nistler, W.; Weirauch, W. Measurement, determination of the fine-structure constant by measuring the quotient of the Planck constant and the neutron mass. 1995, 44 (2), 514-517.

[8] Finkelstein, K.; Shull, C.; Zeilinger, A., Magnetic neutrality of the neutron. Physical B+c 1986, 136, 131-133.

[9] Koester, L.; Waschkowski, W.; Mitsyna, L. V.; Samosvat, G. S.; Prokofjevs, P.; Tambergs, J., Neutron-electron scattering length and electric polarizability of the neutron derived from cross sections of bismuth and of lead and its isotopes. Physical Review C 1995, 51 (6), 3363-3371.

[10] Kopecky, S.; Harvey, J. A.; Hill, N. W.; Krenn, M.; Pernicka, M.; Riehs, P.; Steiner, S., Neutron charge radius determined from the energy dependence of the neutron transmission of liquid ^{208}Pb and ^{209}Bi. Physical Review C, 1997, 56 (4), 2229-2237.

[11] Alexandrov, Y. A., On the study of electromagnetic properties of the neutron at JINR Dubna. Nuclear Instruments and Methods in Physics Research Section A: Accelerators, Spectrometers, Detectors and Associated Equipment 1989, 284 (1), 134-136.

[12] Arzumanov, S.; Bondarenko, L.; Chernyavsky, S.; Drexel, W.; Fomin, A.; Geltenbort, P.; Morozov, V.; Panin, Y.; Pendlebury, J.; Schreckenbach, K., Neutron life time value measured by storing ultracold neutrons with detection of inelastically scattered neutrons. Physics Letters B 2000, 483 (1), 15-22.

[13] Abele, H.; Astruc Hoffmann, M.; BaeBler, S.; Dubbers, D.; Glück, F.; Müller, U.; Nesvizhevsky, V.; Reich, J.; Zimmer, O., Is the Unitarity of the Quark-Mixing CKM Matrix Violated in Neutron β-Decay? Physical Review Letters 2002, 88 (21), 211801.

[14] Lising, L. J.; Hwang, S. R.; Adams, J. M.; Bowles, T. J.; Browne, M. C.; Chupp, T. E.; Coulter, K. P.; Dewey, M. S.; Freedman, S. J.; Fujikawa, B. K.; Garcia, A.; Greene, G. L.; Jones, G. L.; Mumm, H. P.; Nico, J. S.; Richardson, J. M.; Robertson, R. G. H.; Steiger, T. D.; Teasdale, W. A.; Thompson, A. K.; Wasserman, E. G.; Wietfeldt, F. E.; Welsh, R. C.; Wilkerson, J. F.; The emi, T. C., New limit on the D coefficient in polarized neutron decay. Physical Review C 2000, 62 (5), 055501.

[15] Kuznetsov, I. A.; Serebrov, A. P.; Stepanenko, I. V.; Alduschenkov, A. V.; Lasakov, M. S.; Kokin, A. A.; Mostovoi, Y. A.; Yerozolimsky,

B. G.; Dewey, M. S., Measurements of the Antineutrino Spin Asymmetry in Beta Decay of the Neutron and Restrictions on the Mass of a Right-Handed Gauge Boson. Physical Review Letters 1995, 75 (5), 794-797.

[16] Abele, H.; BaeBler, S.; Dubbers, D.; Last, J.; Mayerhofer, U.; Metz, C.; Müller, T. M.; Nesvizhevsky, V.; Raven, C.; Schärpf, O.; Zimmer, O., A measurement of the beta asymmetry A in the decay of free neutrons. Physics Letters B 1997, 407 (3), 212-218.

[17] Schreckenbach, K.; Mampe, W., The lifetime of the free neutron. Journal of Physics G: Nuclear and Particle Physics 1992, 18 (1), 1-34.

[18] Schramm, D. N.; Kawano, L., Cosmology and the neutron lifetime. Nuclear Instruments and Methods in Physics Research Section A: Accelerators, Spectrometers, Detectors and Associated Equipment 1989, 284 (1), 84-88.

[19] Alberi, J.; Hart, R.; Jeenicke, E.; Ost, R.; Wilson, R.; Shroder, I. G.; Avenier, A.; Bagieu, G.; Benkoula, H.; Cavaignac, J. F.; Idrissi, A.; Koang, D. H.; Vignon, B., Studies of parity violation using polarized slow neutron beams. Canadian Journal of Physics 1988, 66 (6), 542-547.

[20] González Trotter, D. E.; Salinas, F.; Chen, Q.; Crowell, A. S.; Glöckle, W.; Howell, C. R.; Roper, C. D.; Schmidt, D.; Šlaus, I.; Tang, H.; Tornow, W.; Walter, R. L.; Witala, H.; Zhou, Z., New Measurement of the $^1S_0$ Neutron-Neutron Scattering Length Using the Neutron-Proton Scattering Length as a Standard. Physical Review Letters 1999, 83 (19), 3788-3791.

[21] Koester, L.; Nistler, W., New determination of the neutron-proton scattering amplitude and precise measurements of the scattering amplitudes on carbon, chlorine, fluorine and bromine. Zeitschrift für Physik A Atoms and Nuclei 1975, 272 (2), 189-196.

[22] Glättli, H.; Goldmann, M., Methods of experimental physics. Academic Press: 1987.

[23] Cokinos, D.; Melkonian, E., Measurement of the 2200 m/sec neutron-proton capture cross section. Physical Review C 1977, 15 (5), 1636-

1643.

[24] Müller, T. M.; Dubbers, D.; Hautle, P.; Bunyatova, E. I.; Korobkina, E. I.; Zimmer, O., Measurement of the γ-anisotropy in n$\rightarrow$ +p$\rightarrow$ d+γ. Nuclear Instruments and Methods in Physics Research Section A: Accelerators, Spectrometers, Detectors and Associated Equipment 2000, 440 (3), 736-743.

[25] Bazhenov, A. N.; Grigor'eva, L. A.; Ivanov, V. V.; Kolomensky, E. A.; Lobashev, V. M.; Nazarenko, V. A.; Pirozhkov, A. N.; Sobolev, Y. V., Circular polarization of γ-quanta in np$\rightarrow$ dγ reactions with polarized neutrons. Physics Letters B 1992, 289 (1), 17-21.

第 2 章 中 子 散 射

2.1 小 角 散 射

R. P. May

2.1.1 简介

小角散射 (SAS) 用于处理物质密度不均匀引起的电磁波或粒子波的偏离。这里，我们将讨论中子的情况。

一方面，SAS 允许人们仅在低分辨率下研究尺寸范围为 10~1000 Å 的物体和结构，但另一方面，使用 SAS 不需要处理晶体。样品可视为由线性尺寸为几 Å 的体积元组成，跟所用的中子波长尺寸大约相当。散射取决于体积元的散射长度密度，这就可以通过改变样品的同位素组成来对中子轻易地施加影响。这项技术被称为 "对比度变换"，它很大程度上决定了小角度中子散射 (SANS) 在软凝聚态物质和生物结构领域的成功运用。之所以使用中子而不是 X 射线，主要是因为某些类别物质散射长度密度存在自然差异，使用大体积样品环境和厚样品对人们来说更容易，当然，也有中子对核自旋有敏感性的原因。

2.1.2 小角度散射原理

当 z 方向的平面波 ($\Psi = \mathrm{e}^{\mathrm{i}kz}$) 击中样品时，样品中的基本散射体，即原子核发出球对称波 $\Psi = -(b/L)\mathrm{e}^{\mathrm{i}kL}$，其中，$L$ 是观测点到样本的距离；复散射振幅 b 具有长度的维度，称之为散射长度。球面波发生干涉并在中子探测器上形成图案。图 2.1.1 中给出了散射几何图。

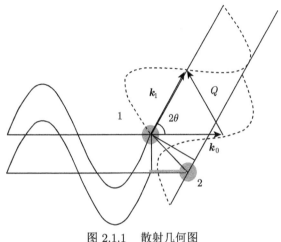

图 2.1.1　散射几何图

　　一个入射平面波 (波矢量 k_0) 撞击两个体积元 (elementary volumes)，即 1 和 2。它们发射球面波 (散射矢量 k_1)，在角度 2θ 处，由于两个体积离波前的距离不同，球面波有相位差。动量传递 $Q = k_1 - k_0$。

　　在 SANS 的多数应用中，样品是无序的，这时散射模式呈现各向同性，并且散射可以表示为 Q 模量的函数：$Q = |Q| = (4\pi/\lambda)\sin\theta \approx 2\pi r/(\lambda L)$，其中，$\lambda$ 是中子的波长，L 是样品到检测器的距离，r 是检测器上的散射束点与直射束点之间的距离。样品可以通过其制备过程或外部场或剪切梯度进行取向，特例是，在研究通量线时外场是磁场。

2.1.3　散射截面和绝对强度

　　在动量传递 Q 的时间 Δt 内，被样品散射到探测器的立体角元 $\Delta\Omega$ 中的中子数量可以表示为

$$I_s(Q) = \Phi_o \Delta\Omega \Delta t \frac{T_s}{T_{ap}} a D_s \varepsilon(\lambda) \frac{\mathrm{d}\Sigma_v}{\mathrm{d}\Omega}(Q) \tag{2.1.1}$$

其中，Φ_o 是样品上的中子通量 (每秒每平方厘米的中子数)；$\Phi_o\Delta t$ 与用于确定持续时间的监控计数器的计数成正比；T_s/T_{ap} 是样品透射率，即直射光束在样品后面和前面的强度之比；a 和 D_s 分别是样品的受照面积和厚度；$\varepsilon(\lambda)$ 是给定波长的探测器效率；$\mathrm{d}\Sigma_v/\mathrm{d}\Omega$ 是单位体积的微分散射截面。

$\mathrm{d}\Sigma_v/\mathrm{d}\Omega$ 表示为

$$\frac{\mathrm{d}\Sigma_v}{\mathrm{d}\Omega}(\boldsymbol{Q}) = \frac{1}{V}\sum_{i,j} b_i b_j \mathrm{e}^{\mathrm{i}\boldsymbol{Q}(\boldsymbol{r}_i-\boldsymbol{r}_j)} \tag{2.1.1a}$$

在各向同性散射的情况下，将样品中原子核的所有可能组态取平均值，用 $<\cdots>$ 表示：

$$\frac{\mathrm{d}\Sigma_v}{\mathrm{d}\Omega}(\boldsymbol{Q}) = \frac{1}{V}\sum_{i,j} b_i b_j \mathrm{e}^{<\mathrm{i}\boldsymbol{Q}(\boldsymbol{r}_i-\boldsymbol{r}_j)>} \tag{2.1.1b}$$

已知强度为 Φ'_o 的衰减光束的衰减因子为 f_a，我们从式 (2.1.1) 得到

$$\frac{\mathrm{d}\Sigma_v}{\mathrm{d}\Omega}(Q) = \frac{K}{D_s T_s}\frac{I_s(Q)}{I_W(Q)} \tag{2.1.2}$$

数据经过背景校正 (见下文)，得

$$K = I_w(0)\frac{T_{ap}}{f_a\varepsilon(\lambda,0)\Phi'_o a\Delta\Omega\Delta t} \tag{2.1.2a}$$

SANS 中绝对缩放技术的广泛处理可以在文献 [1] 中找到。

样品单位质量的微分散射截面 $\mathrm{d}\Sigma_v(Q)/\mathrm{d}\Omega$ 为

$$\frac{\mathrm{d}\Sigma_m}{\mathrm{d}\Omega}(Q) = \frac{1}{c_s}\frac{\mathrm{d}\Sigma_v(Q)}{\mathrm{d}\Omega} = \frac{K}{c_s D_s T_s}\frac{I_s(Q)}{I_w(Q)} \tag{2.1.3}$$

用 c_s 表示样品浓度，单位为 g·cm^{-3}。最终，每个粒子的微分散射截面 $\mathrm{d}\Sigma_M(Q)/\mathrm{d}\Omega$ 为

$$\frac{\mathrm{d}\Sigma_M}{\mathrm{d}\Omega}(Q) = \frac{\mathrm{d}\Sigma_m(Q)}{\mathrm{d}\Omega}\frac{M}{N_a} = \frac{K}{c_s D_s T_s N_A}\frac{M}{I_W(Q)}\frac{I_s(Q)}{I_W(Q)} \qquad (2.1.4)$$

其中，分子量 M 是已知的；N_A 是阿伏伽德罗常量。

分子量的推导如下：

通过下面的式子

$$\frac{\mathrm{d}\Sigma_M}{\mathrm{d}\Omega}(Q=0) = \left(\sum_i b_i - \rho_p V_p\right)^2 = (\Delta\rho_p \overline{v}_p m_p)^2 = \left(\Delta\rho_p \overline{v}_p \frac{M}{N_A}\right)^2 \qquad (2.1.5)$$

可以得到分子量 M 为

$$M = \frac{\mathrm{d}\Sigma_m(Q)}{\mathrm{d}\Omega}\frac{N_A}{(\Delta\rho_p \overline{v}_p)^2} \qquad (2.1.6)$$

$\overline{v}_p$ 表示 (干燥的) 部分特定粒子的体积。

2.1.4 背景校正

样品中的背景由与透射率相关的部分 (样品架，如石英盒，以及基质散射，如来自含质子缓冲溶液的非相干散射) 和与透射率无关但与时间相关的部分 (电子和中子噪声) 组成。

前者中，与透射率成比例的项 (样品容器散射) 易于处理，而非相干项 (与 $1-T$ 成比例) 更为复杂。由于水样的传输削弱了空室的影响，因此空室和噪声的影响可通过以下方式进行校正：

$$\tilde{I}_w(Q) = M_o\left[\frac{I_w(Q)}{M_w} - T_w\frac{I_e(Q)}{M_e} - (1-T_w)\frac{I_{Cd}(Q)}{M_{Cd}}\right] \qquad (2.1.7)$$

M_w、M_e 和 M_{Cd} 分别是水样、容器和噪声测量 (对于相同的几何形状、波长等) 的中子监测器计数；M_o 是用于缩放的参考监

测器；T_w 是水的透过率，即水样透射的强度与空室透射的强度之比。

在更一般的情况下，从样品中减去纯相干容器或参考背景，我们得到

$$\tilde{I}_s(Q) = M_o \left[\frac{I_s(Q)}{M_s} - \frac{T_s}{T_b}\frac{I_b(Q)}{M_b} - \left(1 - \frac{T_s}{T_b}\right)\frac{I_{Cd}(Q)}{M_{Cd}} \right] \quad (2.1.8)$$

T_s 和 T_b 是根据上面的 T_w 定义的。

1. 德拜公式

如果散射是由有限大小的粒子的稀疏集合产生的，则散射曲线可以用泰勒级数的第一项来近似表示。Debye 认为 [2]，对于随机取向的粒子，$\langle e^{iQr}\rangle = (\sin Qr)/Qr$。$N$ 个体积为 V_p 的粒子，其散射可以表示为体积元 i、j 的贡献之和，ρ_i 和 ρ_j 是相应的散射密度，相隔距离记为 r_{ij}：

$$\frac{d\Sigma_v}{d\Omega}(Q) = \frac{N}{V}\int_{v_p}\int \rho(r_i)\rho(r_j)\frac{\sin Qr_{ij}}{Qr_{ij}}dr_i dr_j \quad (2.1.9)$$

2. 回转半径

由 $\sin x/x \approx 1 - x^2/6 + x^4/120 - x^6/5040 + \cdots$，人们可以将 $Q = 0$ 附近的 $I(Q)$ 表示为

$$I(Q) = I(Q=0)\left[1 - \frac{(QR_G)^2}{3} + \frac{(QR_G)^4}{60} - \cdots\right] \quad (2.1.10)$$

其中，与力学类似，R_G 是粒子的回转半径或粒子混合物回转半径的加权平均值。

式 (2.1.10) 有两种方法可再次近似，一个是 $1/[c_s I(Q)]$ 的 Zimm[3] 逼近

$$\frac{c_s}{I(Q)} \approx \frac{c_s}{I(Q=0)}\left[1 + \frac{(QR_G)^2}{3} + \cdots\right] \quad (2.1.10a)$$

另一个是 Guinier[4] 近似,它用了与式 (2.1.10) 中的第一项相似的表达和 $e^{-x} \approx 1 - x + x^2/2 - \cdots$,

$$I(Q) \approx I(Q = 0)\, e^{-\frac{(QR_G)^2}{3}} \qquad (2.1.10b)$$

式 (2.1.10b) 在历史上非常有用,因为它允许人们通过在对数纸上绘制 $I(Q)$-Q^2 图表来推断出 R_G(表 2.1.1)。

无需绝对校准即可获得 R_G。实际上,式 (2.1.10a) 和式 (2.1.10b) 并不产生相同的 R_G 值,因为等式并不相同,并且由于中子束停止,拟合不能从 $Q = 0$ 开始。

表 2.1.1 简单三轴物体的回转半径 R_G[5]

实体	回转半径 R_G
球体 (半径 R)	$(3/5)\,R^2$
空心球体 (半径 R_1 和 R_2)	$(3/5)\,(R_2^5 - R_1^5)/(R_2^3 - R_1^3)$
椭圆 (半轴 a, b, c)	$(a^2 + b^2 + c^2)/5$
平行六面体 (边长 A, B, C)	$(A^2 + B^2 + C^2)/12$
椭圆柱 (半轴 a, b; 高 h)	$(a^2 + b^2)/4 + h^2/12 = R_c^2 + h^2/12$
空心圆柱 (半径 R_1, R_2; 高 h)	$(R_1^2 + R_2^2)/2 + h^2/12$

注: R_c 是截面回转半径.

2.1.5 建模

通常,使用最小二乘拟合程序 (包括多分散性处理和仪器涂抹),通过比较实验数据与模型数据分析散射数据。Pedersen[6] 记载了该方法和分析、半分析表达式。

一些简单实体的形状因子列在表 2.1.2。

1. 对分布函数

公式 (2.1.9) 可以重写为

$$\frac{d\Sigma_v}{d\Omega}(Q) = 4\pi \int_0^\infty r^2 V \gamma(r) \frac{\sin(Qr)}{Qr} dr \qquad (2.1.11)$$

表 2.1.2　简单实体的形状因子

半径为 R 的球体

$$P(Q) = A_{\mathrm{S}}^2(Q, R) = \left[3 \frac{\sin(QR) - QR\cos(QR)}{(QR)^3} \right]^2$$

双壳球体

$$P(Q) = [f_1 A_1(Q, R_1) + f_2 A_2(Q, R_2)]^2$$

其中 f_i 和 A_i 是内、外壳的相对散射权重和振幅，$f_1 = \rho V_1 / [\rho_1 V_1 + (\rho_2 - \rho_1) V_2]$，$f_2 = 1 - f_1$。

圆柱体/圆盘

$$P_{\mathrm{d}}(Q) = \left[\int_0^{\frac{\pi}{2}} \sin\theta \frac{\sin(Qd\cos\theta)}{Qd\cos\theta} \frac{2J_1(QR\sin\theta)}{QR\sin\theta} \mathrm{d}\theta \right]^2$$

其中，$2d$ 是厚度，R 是圆盘半径，J_1 是一阶 Bessel 函数，θ 是圆盘法线和 Q 之间的夹角。

厚度为 $2d$ 的膜

$$P_{\mathrm{m}}(Q) = \frac{2}{Q^2} \left[1 - \cos(2Qd) \mathrm{e}^{-\frac{(Qd)^2}{2}} \right]$$

$\gamma(r)$ 是关联函数 (Debye and Bueche, 1949)。引入 $p(r)$，称为成对距离分布函数，$p(r) = r^2 V \gamma(r)$，得到

$$\frac{\mathrm{d}\Sigma_{\mathrm{v}}}{\mathrm{d}\Omega}(Q) = 4\pi \int_0^\infty p(r) \frac{\sin(Qr)}{Qr} \mathrm{d}r \tag{2.1.11a}$$

对式 (2.1.11a) 作傅里叶变换，

$$p(r) = \frac{1}{2\pi^2} \int_0^\infty \frac{\mathrm{d}\Sigma_{\mathrm{v}}}{\mathrm{d}\Omega}(Q) Qr \sin(Qr) \mathrm{d}r \tag{2.1.12}$$

一般情况下，变换后的方程 (2.1.11a) 还是不可解，由于中子束停止，散射函数在 $Q \to 0$ 处是未知的；由于最大散射角有限和高 Q 下的不良统计，散射函数在 $Q \to \infty$ 处也是未知的。Glatter[7]

引入了"间接傅里叶变换",是一种最小二乘法,可以克服有限尺寸为 $r_{\max}$ 粒子的问题。

回转半径可以通过计算 $p(r)$ 的二阶矩得到

$$R_{\mathrm{G}}^2 = \frac{\displaystyle\int_0^{r_{\max}} p(r)r^2\mathrm{d}r}{\displaystyle 2\int_0^{r_{\max}} p(r)\mathrm{d}r} \qquad (2.1.13)$$

2. 尺寸分布

在形状因子为 $P(Q)$ 的单分散均匀颗粒稀溶液的情况下,

$$\frac{\mathrm{d}\Sigma_{\mathrm{s}}}{\mathrm{d}\Omega}(Q) = n\left(\Sigma b_{\mathrm{i}} - \rho_{\mathrm{b}}V\right)^2 P(Q) = n\Delta\rho_{\mathrm{b}}^2 V^2 P(Q) \qquad (2.1.14)$$

其中,n 是粒子的数量浓度 (单位体积的数量),b_{i} 是粒子的原子核散射长度,ρ_{b} 是大多数溶剂的散射长度密度,V 是围绕粒子本身及其相关扰动溶剂 (或基质) 的体积。

在只考虑尺寸,不考虑形状的情况下,对于均质颗粒的尺寸分布,我们可以写成

$$\frac{\mathrm{d}\Sigma_{\mathrm{s}}}{\mathrm{d}\Omega}(Q) = \Delta\rho_{\mathrm{b}}^2 \int_o^\infty D_{\mathrm{n}}(R)V^2(R)P(Q,R)\mathrm{d}R \qquad (2.1.15)$$

其中,$D_{\mathrm{n}}(R)$ 是粒子的数量分布,即单位体积中大小为 R 的粒子数量。

还可以定义体积分布 $D_{\mathrm{v}}(R) \propto R^3 D_{\mathrm{n}}(R)$,即样品的单位体积中尺寸为 R 的粒子所占体积的总和,以及强度分布 $D_{\mathrm{i}}(R)$,即样品的单位体积中尺寸为 R 的粒子的强度贡献的总和。

3. Porod 定律

Porod(1951) 已证明，样品的总小角散射，无论其密度如何分布，都是一个常数，称为 Porod 不变量 C：

$$C = \int_0^\infty I(Q)\, Q^2 \mathrm{d}Q = 2\pi^2 V \overline{\Delta\rho^2} \qquad (2.1.16)$$

在实践中，在求 Porod 不变量所需的所有 Q 范围内，很难测量所有的数据，但在特定情况下，可以逼近低 Q(即 Guinier) 和高 Q 极限。

4. 高 Q 极限

同样对 Porod 而言，如果系统的相位之间存在清晰的边界，则应采用渐进定律，该定律对于 Q 的高值 $(Q \gg 1/D)$ 有效。这是一个几乎不成立的条件。比表面积 $O_\mathrm{s} = S/V$，由下式给出：

$$O_\mathrm{s} = \frac{S}{V} = \pi \frac{[I(Q)\, Q^4]_{Q\to\infty}}{C} \qquad (2.1.17)$$

其中，S 表示粒子 (或结构) 的表面，V 表示粒子 (或结构) 的体积。

由于中子通常在高 Q 处具有很高的非相干散射，因此即使可能发生，也很难以足够的精度确定 O_s。另外，绘制 IQ^4 与 Q^4 的关系图 (Porod 图)，可以使我们根据 $Q^4 = 0$ 的截距来计算 O_s，这可以帮助我们确定残留背景，对于大 Q，残余背景表现为恒定的斜率。

参 考 文 献

[1] Wignall, G. D. & Bates, F. S. Absolute calibration of small-angle neutron scattering data. Journal of Applied Crystallography 20, 28-40, (1987).

[2] Debye, P. Zerstreuung von Röntgenstrahlen. Ann. Phys. (Leipzig), 809–823 (1915).

[3] Zimm, B. H. The scattering of light and the radial distribution func-
     tion of high polymer solutions. The Journal of Chemical Physics 16,
     1093-1099 (1948).
[4] Guinier, A., Fournet, G. & Yudowitch, K. L. Small-angle Scattering
     of X-rays. (John Wiley & Sons, INC. , 1955).
[5] Mittelbach, P. Zur rontgenkleinwinkelstreuung verdunnter kolloider
     systeme 8. Acta Physica Austriaca 19, 53-& (1965).
[6] Pedersen, J. S. Analysis of small-angle scattering data from colloids
     and polymer solutions: modeling and least-squares fitting. Advances
     in colloid interface science 70, 171-210 (1997).
[7] Glatter, O. & Kratky, O. Small angle X-ray Scattering. (Academic
     Press, 1982).
[8] Lindner, P. & Zemb, T. Neutron, X-ray and Light Scattering: Intro-
     duction to an Investigative Tool for Colloidal and Polymeric Systems.
     (1991).

2.2 反 射 法

R. Cubitt

2.2.1 简介

中子反射法是一种研究平面结构的技术，广泛应用于磁性多层材料、有机材料的固体液体界面。该方法不仅可以推知垂直于平面的材料结构，还可以确定各层在边界处的完整性，边界可以通过粗糙度或相互扩散系数来修正。许多问题，例如，生物细胞中的脂质双层的行为，超导体中磁性杂质的影响，都可以通过在衬底上合成材料层来降低系统的维数，使问题大大简化。

2.2.2 厚衬底的反射率

一束具有波动相关特性的中子束，在撞击像镜子一样的表面时，其行为与光完全相同。假设光束的任何偏离都远离晶体结构的布拉格条件，则可以认为中子与恒定电势 V_0 相互作用，V_0 与

相干散射长度满足以下简单关系:

$$V_{\mathrm{o}} = \frac{2\pi\hbar^2}{m_{\mathrm{n}}} b\rho \qquad (2.2.1)$$

其中, m_{n} 是中子质量, ρ 是材料中原子的数密度, b 是这些原子的平均相干散射长度。乘积 $b\rho$ 称为散射长度密度, 通常用 N_{b} 表示。大多数材料的 b 为正值, 从而在正电势中, 中子的动能变得更小, 因此波长更长 (而光却相反, 波长缩短)。现在我们考虑, 当光束接近一个具有无限深电势 V_{o} 的表面时会发生什么。

表面内没有结构, 只有电势梯度, 因此力垂直于表面。只有入射波矢量 $\boldsymbol{k}_{\mathrm{i}}$ 的法向分量会被势垒改变, 它是动能 $E_{\mathrm{i}\perp}$ 的法向分量, 决定了中子是否被完全势垒反射 (图 2.2.1)。

$$E_{\mathrm{i}\perp} = \frac{(\hbar k_{\mathrm{i}} \sin\theta_{\mathrm{i}})^2}{2m_{\mathrm{n}}} \qquad (2.2.2)$$

如果 $E_{\mathrm{i}\perp} < V_{\mathrm{o}}$, 则存在全反射, 当 $E_{\mathrm{i}\perp} = V_{\mathrm{o}}$ 时, 波矢量传递的临界值 q_{c} 为

$$q_{\mathrm{c}} = \sqrt{16\pi N_{\mathrm{b}}}, \quad q = 2k_{\mathrm{i}} \sin\theta_{\mathrm{i}} \qquad (2.2.3)$$

假设相互作用是弹性的, 则动量守恒, 也就是说, 当样品静止时, 则发生镜面反射。任何镜面反射都必须是表面所在 xy-面内电势梯度的结果。

如果 $E_{\mathrm{i}\perp} > V_{\mathrm{o}}$, 则反射不完全, 中子被反射或透射到大部分材料中。随着透射光束动能 k_{t} 的法向分量被电势消减, k_{t} 必须改变方向, 这就是折射。波矢量的法向分量变化为

$$k_{\mathrm{t}\perp}^2 = k_{\mathrm{i}\perp}^2 - 4\pi N_{\mathrm{b}} \qquad (2.2.4)$$

允许我们定义相对折射率 n:

$$n^2 = \frac{k_{\mathrm{t}}^2}{k_{\mathrm{i}}^2} = \frac{k_{\mathrm{i}\|}^2 + (k_{\mathrm{i}\perp}^2 - 4\pi N_{\mathrm{b}})}{k_{\mathrm{i}}^2} = 1 - \frac{4\pi N_{\mathrm{b}}}{k_{\mathrm{i}}^2} = 1 - \frac{\lambda^2 N_{\mathrm{b}}}{\pi} \qquad (2.2.5)$$

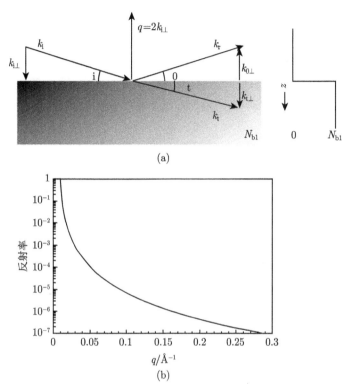

图 2.2.1 (a) 入射光束在理想平面上的反射。k_i 和 k_r 分别是入射波矢量和散射波矢量，与入射平面夹角为 $\theta_i = \theta_0 = \theta$；$q$ 是波矢传递；N_{b1} 是半无限衬底的散射长度密度。右边是散射长度密度分布作为深度的函数。(b) 模拟硅/空气界面上 ($N_{b1} = 2.07 \times 10^{-6} \text{Å}^{-2}$) 镜面中子反射率与 q 的函数关系

这里 λ 是中子波长。对于 Si 这样的材料，N_b 为 $2.07 \times 10^{-6} \text{Å}^{-2}$，远小于 1，从而对于热中子波长，我们可以对 n 进行很好的近似，结果众所周知：

$$n \approx 1 - \frac{\lambda^2 N_b}{2\pi} \tag{2.2.6}$$

可见 n 小于 1，这就证实了前面主体 (bulk) 中波长变化与光的

变化相反的说法 (对于正 b)。透射光束靠近镜面发生折射，并且恰好在全反射点处，折射光束沿表面传播。

所有上述讨论 (除了将中子视为波之外) 都可以从经典物理学中得出。为了描述和反射法有关的物理的方方面面，我们必须使用量子力学方法。表面附近中子概率振幅的波函数为

$$\frac{\partial^2 \Psi_z}{\delta z^z} + k_\perp^2 = 0, \quad k_\perp^2 = \frac{2m_n}{\hbar^2}(E_i - V) - k_\parallel^2 \tag{2.2.7}$$

表面上方和下方的解为

$$\Psi_z = e^{ik_{i\perp}z} + re^{-ik_{i\perp}z}, \quad Y_z = te^{ik_{t\perp}z} \tag{2.2.8}$$

其中，r 和 t 分别是反射和透射的概率幅。波函数及其导数的连续性由下面的表达式给出：

$$1 + r = t, \quad k_{i\perp}(1 - r) = tk_{t\perp} \tag{2.2.9}$$

可直接推出光学中的经典菲涅耳 (Fresnel) 系数：

$$r = \frac{k_{i\perp} - k_{t\perp}}{k_{i\perp} + k_{t\perp}}, \quad t = \frac{2k_{i\perp}}{k_{i\perp} + k_{t\perp}} \tag{2.2.10}$$

在反射法中，我们将反射率作为波矢传递或 q 的函数进行测量。使用表达式 (2.2.3)、(2.2.4) 和 (2.2.10)，我们可以将测得的反射率 R 与 q 和 q_c 相关联。注意，我们测量到的是强度，因此是量子力学概率平方的函数。

$$R = r^2 = \left[\frac{q - (q^2 - q_c^2)^{\frac{1}{2}}}{q + (q^2 - q_c^2)^{\frac{1}{2}}}\right]^2 \tag{2.2.11}$$

当 $q \gg q_c$ 时，化简为

$$R \approx \frac{16\pi^2}{q^4} N_b^2 \tag{2.2.12}$$

这是 Born 近似[1]中使用的反射率。

再来看表面内的波函数式 (2.2.8)，结合式 (2.2.4)，我们发现当 $E_I < V$(或 $E_{i\perp} < 4\pi N_b$ 或 $q < q_c$) 时，我们得到以下形式的实数解：

$$Y_z = te^{i\left(k_{i\perp}^2 - 4\pi N_b\right)^{\frac{1}{2}} z} = te^{-\frac{1}{2}\left(q_c^2 - q^2\right)^{\frac{1}{2}} z} \tag{2.2.13}$$

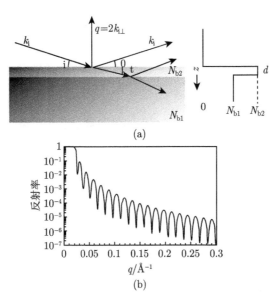

(a)

(b)

图 2.2.2　(a) 与图 2.2.1(a) 相比，增加了一个散射长度密度为 N_{b2} 的附加薄层；(b) 由硅衬底上的一个 400 Å 镍层 ($N_{b1} = 2.07 \times 10^{-6} \text{Å}^{-2}$，$N_{b2} = 9.04 \times 10^{-6} \text{Å}^{-2}$) 模拟镜面中子反射率与 q 的关系

这个结果非常重要，因为它表明，即使势垒高于垂直于表面的粒子能量，粒子仍然可以穿透到特征深度 $\left(q_c^2 - q^2\right)^{-1/2}$。该渐逝波以波矢量 $\mathbf{k}_{\parallel}$ 沿着表面传播，并在很短的时间内沿镜面方向从主体中弹出。再次取 N_b 为 Si 的值，在 $q = 0$ 时特征穿透约为 100 Å，在 $q = q_c$ 时迅速上升到无穷大。但是这并不违背守恒定律，因为波没有通量传输到主体中，反射率仍然是统一的。该

结果还解释了，当将 N_b 等于 Si 值之类的材料 (< 100 Å) 薄层 (如 Ni) 放在 Si 衬底上时，我们发现 q_c 仍然由 Si 的 N_b 值限定，而不是由 Ni 的 N_b 值限定。原因是在这种情况下，该层比特征穿透深度小，中子会穿越势垒 (图 2.2.2)。

在这样的系统或多层系统中计算反射率需要诸如光学矩阵法 [2-5] 的常规技术。从一层到下一层的透射和反射可以表述为每一层的矩阵乘积。通过反演反射率曲线来提取 N_b 随深度变化的函数关系。该问题很复杂，许多剖面可以产生相同的反射率曲线。在文献 [5] 中可以找到有关各种反演技术的有用回顾。

2.2.3　吸收性

实际上，许多材料具有有限的吸收截面。这可以通过在相干散射长度上增加一个虚部来求解。

$$b_{total} = b_{coherent} + ib_{absorption} \tag{2.2.14}$$

从式 (2.2.8) 可以看出，由于吸收的存在，透射强度和反射强度呈指数下降。即使在全反射状态下，由于渐逝波存在于材料的表面区域，所以发生吸收使全反射振幅小于 1。值得一提的是，即使是非常强的中子吸收剂，像 Cd 和 Gd 等材料仍然具有显著的反射率。

2.2.4　磁性材料

我们已经看到，主体中的中子受到平均电势的影响，而平均电势与相干散射长度有关。如果材料被磁化，则存在与中子的磁偶极矩的相互作用和磁通密度 B 的变化相关的附加电势。该电势具有以下值：

$$V_{mag} = -\mu B(r) \tag{2.2.15}$$

其中，μ 是中子的磁偶极矩，$B(r)$ 是随空间变化的磁场。如果入射光束相对于样品的磁化强度呈现向上或向下极化，则磁势也会切换符号。磁势可以用相干散射长度的形式表示：

$$b_{\mathrm{m}} = 1.913 \frac{e^2}{m_{\mathrm{e}}} S \qquad (2.2.16)$$

其中，S 是磁性原子的有效自旋，它垂直于反射动量传递。总相干散射长度变得与偏振有关，当偏振器的磁化方向与样品的磁化方向相同时，其正号对应于由偏振器偏振的光束：

$$b_{\mathrm{total}} = b_{\mathrm{nuclear}} \pm b_{\mathrm{m}} \qquad (2.2.17)$$

假设样品是饱和铁磁体，要推断出 b 的核和磁性部分，必须进行两次测量，一个是测量平行于磁化强度的极化 R_+，另一个是使用翻转器 [6] 测量极化反转 R_-。务必记住，极化中子反射法 (PNR) 中非常重要的一点，磁反射只发生在势能边界处，从式 (2.2.16) 可知，需要 B 的步长。如果样品在磁性层平面内已被磁化，由麦克斯韦方程可知，B 的步长在表面处为 $\mu_0 M$，其中 M 为层的磁化密度。如果样品在垂直于平面的方向被磁化，则 B 在边界处连续，并且没有势跃迁。只有在存在平面磁化分量的情况下，磁反射才会发生。垂直于平面的磁化分量不会反射面内偏振光束，但会引起自旋翻转，即完全偏振的光束在反射后将包含一定比例的沿相反方向偏振的偏振光。这只能用第二个翻转器和偏振器或检偏器来测量。图 2.2.3 显示了测量四个反射率所需的初始和最终偏振态的四种组合，即 $R_{++}, R_{--}, R_{+-}, R_{-+}$。应当指出，从偏振器到检偏器，必须有一个小的垂直引导场，以保持偏振处在垂直轴上。除了测量这四种情况的四个反射率，还应该使用非磁性散射体 (如石墨) 测量，将鳍状板的缺陷和偏光效率考虑进去。中子光学和磁效应的详细描述可以在参考文献 [6, 7] 中找到。

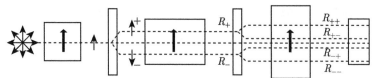

偏振器   翻转器1   样品   翻转器2   检偏器   检测器

图 2.2.3   带有检偏器的极化中子反射率实验的示意图。最初未偏振的光束经过偏振镜后变成垂直偏振光。翻转器 1 激活后，反转极化，从而可以测量 R_+ 和 R_-。这两组数据集的差异代表了磁性对反射率的贡献。如果在反射过程中，由于磁化分量超出垂直平面引起中子极化翻转，则可以通过使用检偏镜和第二个翻转器进行检测。在偏振器和检偏器之间需要一个引导场 ($\sim$20G)，以保持垂直方向的偏振

2.2.5   粗糙度和相互扩散

人们对不同材料之间的交界处发生的事情很感兴趣。界面可能是粗糙的，在大尺度范围内有峰和谷，且具有分形结构。如果界面处的磁化强度没有急剧变化，则它也可能具有磁性粗糙度。边界可能是平滑的，但一种材料会扩散到另一种材料中。结果表明，在粗糙和扩散两种情况下，镜面反射率都降低了一个因数，这与德拜–沃勒因数降低了晶体的散射强度非常相似 (图 2.2.4)。式 (2.2.12) 受到的影响为

$$R \approx \left(\frac{16\pi^2}{q^4} N_b^2 \right) e^{-q_z^2 \sigma^2} \tag{2.2.18}$$

其中，σ 是层缺陷的特征长度尺度。那么，式 (2.2.17) 中的指数因子会怎样影响强度的损失呢？在扩散界面的情况下，损失的强度必须进入透射光束，因为在垂直于表面以外的任何其他方向都没有电势梯度。对于粗糙界面，情况又不同，在粗糙界面中，强度损失来自远离镜面方向的局部反射或者说非镜面散射。从非镜面散射 [2,3] 可以推导出诸如高度相关函数之类的信息。

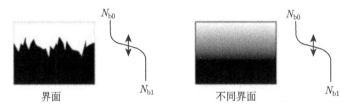

图 2.2.4　两个可能导致相同镜面反射率的界面。只有在粗糙界面情况下观察到非镜面散射时，数据有所不同

2.2.6　实验技术

反射率可以通过两种完全不同的方法进行测量，对应 q 的不同函数关系，每种方式都有其优点和缺点。第一种称为单色方法，用已定义好的波长进行 $\theta\text{-}2\theta$ 扫描并存储各 θ 值的反射强度。要么同时使用监视器测量入射强度，然后根据监视器效率进行放大，要么单独进行实验。反射率只是每个 θ 的两个强度之比，根据布拉格定律，转换为 q：

$$q = 4\pi \sin\theta/\lambda \qquad (2.2.19)$$

对于尺度量级为几厘米和起始 θ 为几分之一度的样品，必须对光束进行精确的准直，以确保样品完全在照明下，也就是说所有入射光束都撞击反射表面。对于非常小的样品，可以对样品进行过度照明，但是当 θ 增加时，必须对样品上通量的变化做校正 (图 2.2.5)。

当反射率随着 q 增加而迅速下降 (见式 (2.2.12)，$R \propto 1/q^4$) 时，为得到强度 (以不严格的求解为代价)，准直缝打开，保持 $\delta\theta/\theta$ 为常数，等于小部分波长变化。在这两种情况下，通过数据反卷积得到最终曲线具有 q 分辨率 δq。q 分辨率与 θ、λ 的关系为

$$\left(\frac{\delta q}{q}\right)^2 = \left(\frac{\delta\theta}{\theta}\right)^2 + \left(\frac{\delta\lambda}{\lambda}\right)^2 \qquad (2.2.20)$$

该方法的优势在于, 所选择的波长可以是中子源的通量最高的波长, 因此对于给定的分辨率, 是利用现有通量最有效的方法。

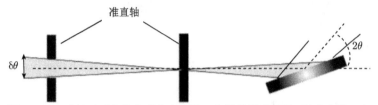

图 2.2.5　反射平面内的典型准直设置。当样品照明不足 (最小背景) 时, 最后一个缝隙与样品之间的距离应尽可能短。通常, 平面外的发散仅由源定义

　　替代方法是使用飞行时间 (TOF)。在这里, 我们保持 θ 不变, 并使用光束中所有可用的波长。通过测量入射光脉冲到达检测器的时间来测量波长, 从而测得 q。分辨率与式 (2.2.20) 相同, 其中 $\delta\lambda/\lambda$ 替换为 $\delta T/T$, δT 是脉冲时间宽度, T 是脉冲的飞行时间。原则上, 检测器上时间分档的分辨率也是一个因素, 但实际上, 被选用的该分辨率值比 δT 小得多。给定 θ 的 q 覆盖范围取决于有用波长的范围, 对于 ILL 反射计 D17, 波长的范围是 10 Å。然而, 在此范围内, 与峰值通量相比, 最小和最大波长处的通量可能相差两个数量级以上。最高的 q(和最低的反射率) 通过最短的波长测得。在分辨率相同的情况下, TOF 方法的效率不如单色技术, 因为在 q 范围相同的情况下, 要达到相同的统计精度, 需要更长的计数时间。ILL 反射仪同时具有 TOF 和单色选项的原因是, 动力学实验无法在单色模式下进行。如果一个样本的层结构随时间变化, 则只有 TOF 方法才能在给定的时间范围内生成唯一的 $R(q)$。θ-2θ 测量值是一组连续的计数, 因此 q 中的每个点测量的时刻都不同。为了解决 TOF 中通量减少的问题, D17 的斩波器系统可以连续改变时间分辨率。如果反射率曲线不具有精细的结构, 则可以在不到 1min 的

时间内完成低分辨率的测量。TOF 的入射光强度可以使用监视器来测量，在这种情况下，因为监视器与脉冲源的距离与检测器的距离不同，必须在分割之前及时重新合并数据。另外，需要单独测量要监视的检测器的相对效率，作为波长的函数。D17 上没有监视器，入射光束直接在检测器上单独测量。必须注意避开停滞时间损失的地方，因为此处比率可能远高于观察到的平均计数比率。

2θ 中的镜面反射光束在被直射光束分割之前，必须减去背景。在涉及固液界面的实验中，此背景可能非常重要，其中衬底可以是纯水，并且可测量的最低反射率极限约为 10^{-7}。使用二维多探测器，可以捕获较宽范围的 2θ，其中包括背景衍射和镜面衍射。具有单个检测器的仪器需要特殊的测量，检测器放置于镜面外的位置来测量背景。在这两种情况下，必须谨慎地确定背景的 2θ 范围，因为背景不包括来自样品本身的衍射强度。

由于系统中的起偏器和翻转器并不完美，PNR 实验变得很复杂。当入射光束不经过样品，直接打在分析仪上时，对理想系统，检测器上不会出现 $+-$ 或 $-+$ 通量。翻转比 F 用来衡量每个翻转器和偏振器的效率，定义为

$$F_1 = I_{++}/I_{-+}, \quad F_2 = I_{++}/I_{+-} \qquad (2.2.21)$$

其中，F_1 和 F_2 是第一和第二翻转器的翻转比。可以在单个检测器上直接测量光束强度，也可以在多检测器上用非磁性散射测量强度。所测得的强度 I 对应于两个翻转器的状态，如图 2.2.3 所示。可接受的翻转比约为 40。当我们需要推测反射率的磁性和核成分时，必须考虑这些比率 [6,7]。

2.2.7 ILL 仪器

目前，ILL 有 3 个反射仪，其中两个是外部资助的 (ADAM & EVA)，因此进行 ILL 实验的时间有限。它们都是固定波长分

辨率 (1%) 的单色仪器，ADAM 具有水平反射平面，EVA 具有垂直反射平面。EVA 经过特殊设计，可以测量上述瞬逝波散射 (图 2.2.6)。

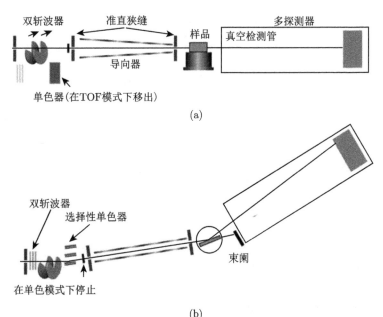

图 2.2.6　ILL 的 D17 双模式装置，该设计利用了 TOF 和单色两种反射率测量法的优点。(a) 处于 TOF 模式的装置侧视图。将单色仪从光束上移走，双斩波器系统定义时间分辨率 (1%～20%δt/t)。在准直狭缝之间是一个垂直聚焦导向器，它以增加光束的垂直发散为代价来增加样品位置处的通量。狭缝在水平方向上限定光束。(b) 处于单色模式的装置垂直视图。在这里，准直臂被旋转了 (约 4°)，这使得从多层单色仪系统反射的光束可以从中穿过并到达样品。单色仪的可选项包括高分辨率和低分辨率 (2%～5%) 及偏振

　　D17 是具有单色和 TOF 模式的 ILL 仪器。在单色模式下可以更改波长分辨率，并且 TOF 中的时间分辨率可以连续变化。所有这三个反射仪都具有极化分析的极化中子。不

幸的是，三者中没有一个能够测量来自自由液体表面的反射，这需要一种特殊的仪器，希望在不久的将来，该仪器在 ILL 生产。有关这些工具的更多详细信息，请参见 ILL 网页，网址为 http://www.ill.fr/YellowBook/。

参 考 文 献

[1] Born, M. & Wolf, E. Principles of Optics (Pergamon Press, Oxford, 1970).

[2] Sinha, S., Sirota, E., Garoff & Stanley, H. X-ray and neutron scattering from rough surfaces. Physical Review B 38, 2297 (1988).

[3] Daillant, J. & Gibaud, A. X-ray and neutron reflectivity: principles and applications. Vol. 770 (Springer, 2008).

[4] Sears, V. (Oxford Press, Oxford, 1989).

[5] Zhou, X.-L. & Chen, S.-H. Theoretical foundation of X-ray and neutron reflectometry. Physics Reports 257, 223-348 (1995).

[6] Williams, W. Polarized Neutrons. (Oxford Press, 1989).

[7] Wildes, A. R. The polarizer-analyzer correction problem in neutron polarization analysis experiments. Review of Scientific Instruments 70, 4241-4245(1999).

2.3 飞行时间中子衍射

C. C. Wilson

2.3.1 简介

脉冲中子源衍射仪器的主要特征是它们使用 TOF 技术，从而利用源产生的最佳白色中子束。这些依据的事实是，根据德布罗意关系，不同能量的中子波长不同，传播的速度也不同：

$$\lambda = h/mv \qquad (2.3.1)$$

其中，m 是中子质量，v 是中子速度。

由于在散裂过程中给定脉冲中的所有中子基本上是在同一时刻 t_0 产生的, 所以能量较高、波长较短的中子传播得更快, 它们比能量较低、波长较长、速度较慢的中子更早到达样品并随后到达探测器。已知中子的飞行路径, 通过测量中子到达探测器的时间, 我们可以计算出它的速度, 从而计算出它的波长 (能量)。这是 TOF 的基础。它是一种真正的按波长分类的白光束技术, 在各种衍射技术中有很大的用途。

波长和飞行时间的关系有以下表达式:

$$\lambda = ht/mL \tag{2.3.2}$$

其中, t 是飞行时间, L 是总飞行路径。

然后, 由布拉格定律 $\lambda = 2d\sin\theta$, 我们得到 TOF 与 d 间距的关系:

$$t = mL2d\sin\theta/h$$

$$= 252.777L2d\sin\theta(t\text{的单位}\mu s, L\text{的单位 m}, d\text{的单位 Å}) \tag{2.3.3}$$

这里, 我们顺便指出, 中子散射中波矢量转移的常用单位, $Q = 2\pi/d$。

因此, 在给定散射角下测得的 d 间距为

$$d = t/(252.777L2\sin\theta) \tag{2.3.4}$$

即测得的 d 间距与 TOF 成正比。这对于 TOF 衍射仪器的设计具有重要的意义。例如, 如果我们考虑粉末衍射, 则单色仪器的布拉格定律通常表示为

$$\lambda = 2d_{hkl}\sin\theta_{hkl} \tag{2.3.5}$$

这里, λ 是选定的 (固定的) 波长, 通过扫描角度 (θ_{hkl}) 实现了各种布拉格反射 hkl 的测量 (在 d 间距 d_{hkl} 处)。但是在 TOF

技术中，波长 λ_{hkl} 有一定范围，我们可以将布拉格方程重写为

$$\lambda_{hkl} = 2d_{hkl}\sin\theta \qquad (2.3.6)$$

也就是说，在固定散射角 2θ 方向，用波长 ($\equiv$TOF) 扫描，来测量整个 d 间距 (布拉格反射) 范围。这是 TOF 衍射作为固定角度、波长-色散技术的基本原理 (图 2.3.1)。

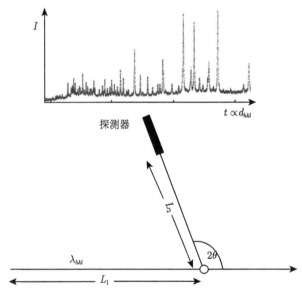

图 2.3.1 TOF 衍射的基本原理。时间-(波长-) 色散的白光束入射到样品上，在固定散射角 2θ 处记录衍射图样。总飞行路径 $L = L_1$(源到样本距离)$+L_2$(样本到探测器距离)。在这种固定的图形中，d 间距 d_{hkl} 与飞行时间成正比 (式 (2.3.4))，记录的衍射图样如图所示

当然，也有可能在多个探测器中或在多个探测器组中以多个角度同时测量这种 TOF 衍射图。对不同探测器的图案进行求和并 "聚焦" 时 (通常在数据处理软件中)，可能得到更高的计数率，或者可能在不同探测器组的衍射图案中获得更多信息。在现代 TOF 衍射仪上，这是一个非常明显的趋势 (图 2.3.2)。

图 2.3.2 位于英国散裂中子源 (ISIS) 的 GEM 仪器，即现代多探测器组
TOF 衍射仪的示例。探测器围绕样品罐从低角度 (左下) 到后向散射 (右
上) 排列成一系列。GEM 用于研究晶体 (粉末衍射) 和无序物质 (液体和
无定形散射)

2.3.2 分辨率

TOF 衍射仪的重要特征之一是，在给定的散射角方向 (例
如，在给定的 "聚焦" 探测器组) 中测得的衍射图样的分辨率具
有以下特点 ($\Delta d/d$ 或 $\Delta Q/Q$)。

(i) 该分辨率在整个衍射图样中是恒定的 (分辨率中的角项
$\Delta\theta\cot\theta$ 是恒定的)；

(ii) 可以随着仪器长度的增加而线性改善 (通过最小化 $\Delta L/L$
项，其中 ΔL 是反映调节剂有限宽度的常数项，而 L 是仪器的
长度)。

例如，ISIS 源处的 TOF 粉末衍射仪 HRPD 的总飞行路径
约为 100 m，有效缓和剂宽度约为 3 cm(缓和剂的厚度为
5 cm，但有中毒层可减少这种情况)。因此，$\Delta L/L$ 项的阶数
为 3×10^{-4}。在反向散射区域 (2θ 接近 $180°$，θ 接近 $90°$) 排布主
探测器组，角分辨率 (呈 $\cot\theta$ 线性分布) 最小，整体分辨率得到

优化。在最高分辨率时，HRPD 提供的 $\Delta d/d$ 约为 4×10^{-4}。特别值得注意的是，在整个衍射图样中都保持了很高的 $\Delta d/d$ 分辨率 (图 2.3.3)。

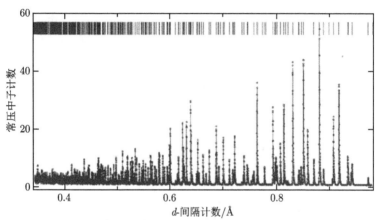

图 2.3.3　在 ISIS 的高分辨率衍射仪 HRPD 上测得的 Al_2O_3 粉末衍射图。在整个图案上都基本保持了恒定的出色的 $\Delta d/d$ 分辨率

2.3.3　Q 范围

衍射实验的另一个重要方面是单次测量获得 Q-范围 (d 间距范围)。显而易见，要获得低值的 d(高值的 Q)，应在短 TOF 时进行测量，即短波长，高能中子。散裂源富含此类中子，因此非常适合短 d /高 Q 测量。对于最大 Q 范围，在一定角度范围内进行测量 (除了在较宽的波长范围内进行测量) 也很重要，因为较低的角度通常会提供较低的 Q 数据，而较高的角度可以获取较高的 Q。

2.3.4　粉末衍射

上面已经讨论了 TOF 粉末衍射的原理。高分辨率衍射仪可以测量低至 0.25 Å 的 d 间距，并可以使大约 100 个原子的结构精细化。

2.3.5　单晶衍射

　　迄今为止，使用区域探测器可以最有效地进行 TOF 仪器上的单晶衍射。用区域探测器 (和固定晶体) 进行的白光束单晶衍射称为劳厄衍射。同时加大波长辨别力，利用 TOF 技术，就可以在设备上实现 TOF 劳厄衍射。这一技术的特征是，允许在单次测量中同时访问大量倒易空间 (图 2.3.4)，而且这些倒易的空间量在三维是完全可解的。

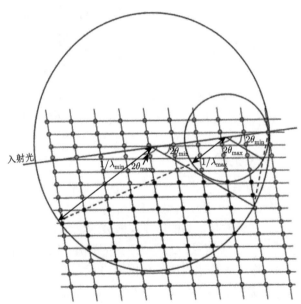

图 2.3.4　TOF 劳厄衍射图。由最小和最大波长定义了两个爱德华球，它们的半径分别为 $1/\lambda_{min}$ 和 $1/\lambda_{max}$。$2\theta_{min}$ 和 $2\theta_{max}$ 由区域探测器的张角定义。在二维投影中，爱德华球面之间的所有倒易空间和点线可以在固定晶体和探测器的单次测量中观察到。倒易晶格点用黑色标出 (点与点的连线也是)

这意味着单次测量不但可以访问许多布拉格反射，还可以用于倒易空间的广泛研究，非常适合研究其他特征，例如不一定发生在布拉格反射位置的漫散射。可以常规测定 100 个或更多独立原子的有机结构和其他结构，具有全面优化的各向异性热参数，并在较简单的材料中获得低至 0.25 Å 的 d 间距。

2.3.6 来自无序材料的衍射

对那些表现出短程有序的材料，例如液体、非晶态材料和高度无序的晶体，一个重要的研究方面是，测得的图案 $S(Q)$ 中 Q 范围非常宽。只有这样做，才能非常准确地确定仪器的归一化和背景，才能将图案可靠地反转 (通过傅里叶变换) 成对分布函数 $g(r)$。

该 $g(r)$ 函数提供样本粒子 (如原子或分子) 的相对分布信息。尽管从无序材料中收集 TOF 衍射数据的方法原理与粉末衍射法非常相似 (图 2.3.1)，但在这种情况下，在多个角度使用宽波长范围尤为重要 (图 2.3.2，GEM 仪器用于研究晶体和无序材料)，并且，保持探测器的良好校准 (在中子探测性能和位置方面) 和良好的屏蔽 (以减少背景) 也至关重要。因此，通常采用良好的二次准直 (样品和检测器之间的屏蔽)，并且固定探测器的布置在这里是有益的。Q 值可高达 50 Å^{-1}。

2.3.7 小角中子散射

顾名思义，小角中子散射 (SANS) 是一种前向散射技术。TOF SANS 可以同时获取非常宽的 Q 范围，这是其优势的再次体现。将 TOF 技术允许的波长范围与通常使用的区域探测器张角范围相结合，这样，TOF SANS 一次测量即可获得 0.005~0.2 Å^{-1} 的 Q 范围，而不必移动探测器。这样带来的好处是，可以时常在散射图案上进行复杂的 3D 建模。

2.3.8　中子反射率

再次提到，TOF 源上的 NR 是固定角技术，通常在水平样品上进行，如图 2.3.5 所示。

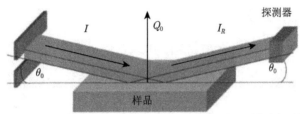

图 2.3.5　TOF 中子反射仪的几何结构。白光束 (I) 入射到水平样品上，反射率曲线 (R) 记录为固定角度下 TOF 的函数的形式，$I_R(Q)$ 用于分析垂直于表面的样品特性

以这种方式使用固定的水平样品可以大大简化液体表面的研究。

反射率图形以全反射几何 $\theta_i = \theta_r$ 形式记录在固定探测器中 (图 2.3.6)，Q 范围由 TOF 法的波长扫描提供。

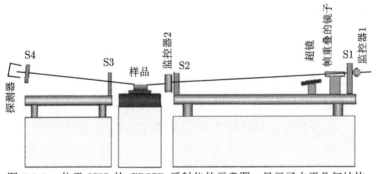

图 2.3.6　位于 ISIS 的 CRISP 反射仪的示意图，显示了水平几何结构、孔缝的布置、水平样品和固定探测器

如果垂直于表面的散射长度密度有变化，则在反射率分布图中会观察到干涉条纹 (请参见 "反射法" 一章)。求出的散射长度

密度变化反映了化学成分的变化或多层结构的存在。如果大范围的反射率 (和 Q) 已经测量过了，则可以对散射长度密度进行详细建模，当反射率低至 10^{-6}，结果就非常可靠了。跟在 SANS 中一样，通常利用对比度变化来实现对被吸收化学系统组成的精确建模。在这个方法里，系统中选定的组分是氘代的，H 原子和 D 原子之间散射长度的大变化导致散射强度发生实质变化，从而提供了额外的信息来帮助建立可靠的模型。在中子反射 (NR) 中，当层厚度在 "埃" 上下，很容易获得有效的分辨率。

通常，使用区域探测器也可以测量非镜面反射，并给出如表面粗糙度或局部表面不均匀性等信息。

2.3.9 样品环境

与所有中子散射技术一样，TOF 衍射中使用样品环境是主要优势。实际上，TOF 技术具有其固有的特定优势，它与测量单个固定散射角整个衍射图样的能力有关。因此，对于复杂、笨重的样品环境设备，在有限的固定散射角处有可能给入射光束留下小孔，仍然可以测量到感兴趣的衍射 (图 2.3.7)。

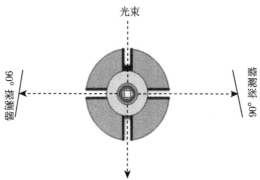

图 2.3.7 TOF 中子衍射技术非常适合在大体积样品环境仪器中研究样品，能够在单一散射角度下测量整个衍射图样 (式 (2.3.6)，图 2.3.1) 这是一个重要的因素。在这种情况下，样品被包含在仪器中，入射光束和出射光束只能通过狭窄的孔，散射角度也非常有限

　　该方法的典型应用包括高压电解池和厚壁化学反应池。高度的准直度意味着可以把来自大体积物品的外部散射降到最低，并且可以优化 (有时很小) 样品的信号。

2.3.10　中子应变扫描

　　中子应变扫描技术主要涉及测量一个庞大的工程组件内有限的标准体积的衍射图样，并根据测得的布拉格峰的位置和形状的变化来表征内部应力和应变。从上述关于 TOF 粉末衍射和试样环境的讨论，可知 TOF 对中子应变扫描的好处。

2.3.11　更多信息

　　有关飞行时间衍射、仪器、技术和应用的更多信息，可在英国卢瑟福·阿普尔顿实验室的 ISIS 脉冲中子和 μ 子设备的网站上找到 (http://www.isis.rl.ac.uk)。

2.4　极化中子散射

E. Lelievre-Berna, J.R. Stewart, F. Tasset

2.4.1　简介

1. 中子自旋和磁矩

　　中子带有一个自旋 S，该自旋 S 是一个内部角动量，其量子数为 $\frac{1}{2}$。算符 S^2 的特征值为 $s(s+1)\hbar^2 = \frac{3}{4}\hbar^2$，而算符 s_z 的特征值为 $m_s = \pm\frac{1}{2}\hbar$。

　　中子具有磁矩 $\boldsymbol{\mu} = \gamma_n\mu_n\boldsymbol{\sigma}$，其中 $\gamma_n = -1.913$ 是中子磁矩的值，μ_n 是核玻尔磁子，而 $\boldsymbol{\sigma} = \frac{2S}{\hbar}$ 是中子的角动量。中子的旋磁比 $\gamma_L = \frac{2}{\hbar}\gamma_n\mu_n$ 不可与 γ_n 混淆，它是磁矩和自旋矩之间的比：$\gamma_L = -1.8324 \times 10^{-8} \mathrm{rad \cdot s^{-1} \cdot T^{-1}}$。

2. 中子束的极化

可以证明，中子束的自旋极化是实验室空间中的经典向量。在特定方向 α 上，分量 P_α 定义为 $P_\alpha = \dfrac{n_+ - n_-}{n_+ + n_-}$，其中 n_+ 和 n_- 分别是角动量分量为 $\left|+\dfrac{1}{2}\right\rangle$ 和 $\left|-\dfrac{1}{2}\right\rangle$ 本征态的中子数。

3. 磁场的作用

在磁场 H 中，施加在磁矩 μ 上的转矩为 $\Gamma = \mu \wedge H$。中子的磁矩绕着磁场进动。相应的拉莫尔频率为 $\omega_L[\text{rad/s}] = \gamma_L H = 18324 H[\text{Gs}]$。对于运动的中子，进动角由 $\Delta\varphi[°] = 2.65\lambda[\text{Å}]H[\text{Gs}]$ $l[\text{cm}]$ 给出：波长为 2Å 的中子束的偏振矢量在 10 Gs · cm 的场积分中进动 53°。

当磁场旋转比拉莫尔频率慢时 ($\omega_H \ll \omega_L$)，极化的纵向分量，也就是平行场的分量，绝热守恒，并且横向分量围绕变化的场保持旋转。如果场的方向从 H 突然变为 $H'(\omega_H \gg \omega_L)$，则极化矢量将从围绕 H 改为围绕 H' 旋转。

2.4.2 基本方程

1. 核结构因素

对于 Bravais 单晶，即每晶胞具有一个以上原子的晶体，在倒易晶格点 Q 的核结构因子为 [1]

$$N(Q) = \sum_j \overline{b}_j \exp\left(\mathrm{i} \cdot Q \cdot r_j\right) \exp\left(-W_j\right)$$

其中，$\overline{b}_j$ 和 W_j 分别是位于晶胞位置 r_j 处的原子 j 的费米长度和 Debye-Waller 因子。

2. 磁相互作用矢量

对于非 Bravais 单晶, 在倒易晶格点 $\boldsymbol{Q}$ 处的磁相互作用矢量由文献 [1] 给出:

$$\boldsymbol{M}_\perp(\boldsymbol{Q}) = \frac{\gamma e^2}{2 m_e c^2} \frac{\boldsymbol{Q} \wedge \boldsymbol{M}(\boldsymbol{Q}) \wedge \boldsymbol{Q}}{\|\boldsymbol{Q}\|^2}$$

这里

$$\frac{\gamma e^2}{2 m_e c^2} = 0.2695 \times 10^{-12} cm/\mu_B,$$

$$\boldsymbol{M}(\boldsymbol{Q}) = \sum_j f_j(\boldsymbol{Q}) \boldsymbol{m}_j^k \exp(i\boldsymbol{Q} \cdot \boldsymbol{r}_j) \exp(-W_j)$$

$f_j(\boldsymbol{Q})$ 是形状因子, $\boldsymbol{m}_j^k$ 是原子 j 的磁矩的傅里叶成分 $\boldsymbol{k}$。必须注意的是, 由于磁相互作用的偶极性质, 中子仅对垂直于散射矢量 $\boldsymbol{Q}$ 的平面上的投影敏感。

3. 散射截面和散射极化

Maleyev 等 [2,3] 和 Blume[4] 使用密度矩阵形式可以预测 Born 近似内的散射截面 σ_t 和散射极化矢量 $\boldsymbol{P}$。这两个基本方程都是表 2.4.1 [8] 中概述的四个部分的总和, 其中 $\boldsymbol{k}_i$ 和 $\boldsymbol{k}_f$ 分别是中子束的入射波矢量和最终波矢量, 并且是 Van Hove 相关函数:

$$\mathcal{H}(A, B) = \frac{1}{\pi \left[1 - \exp\left(-\dfrac{\hbar\omega}{k_b T}\right)\right]} \langle A, B \rangle_\omega''$$

$$\mathcal{H}_\pm(N_{-Q}, \boldsymbol{M}_{\perp, \boldsymbol{Q}}) = \mathcal{H}(N_{-Q}, \boldsymbol{M}_{\perp, \boldsymbol{Q}}) \pm \mathcal{H}(\boldsymbol{M}_{\perp, -\boldsymbol{Q}}, N_{\boldsymbol{Q}})$$

表 2.4.1 散射截面 $\sigma_t = N_0 \dfrac{(2\pi)^3}{\nu_0} \sum_j \sigma_j$，散射极化矢量

$$\{P\sigma\}_t = N_0 \frac{(2\pi)^3}{\nu_0} \cdot \sum_j \{P\sigma\}_j$$

贡献	弹性散射	非弹性散射
(n) 原子核	$\sigma_n = NN^*$ $\{P\sigma\}_n = P_i\sigma_n$	$\sigma_n = \dfrac{k_f}{k_i}\mathcal{H}(N_{-Q}, N_Q)$ $\{P\sigma\}_n = P_i\sigma_n$
(m) 磁性非属性	$\sigma_m = M_\perp \cdot M_\perp^*$ $\{P\sigma\}_m = -P_i\sigma_m + \cdots$ $+2\Re\left[M_\perp(P_i \cdot M_\perp^*)\right]$	$\sigma_m = \dfrac{k_f}{k_i}S_{\alpha\beta}\delta_{\alpha\beta}$ $\{P_\alpha\sigma\}_m = \dfrac{k_f}{k_i}P_{i\beta} + \cdots$ $+[(S_{\alpha\beta}+S_{\beta\alpha})-\delta_{\alpha\beta}\delta_{\beta\alpha}]$ $S_{\alpha\beta} =$ $\mathcal{H}\left(M_{\perp,-Q}^\alpha, M_{\perp,Q}^\beta\right)$
(c) 磁性属性	$\sigma_c = iP_i \cdot (M_\perp^* \wedge M_\perp)$ $\{P\sigma\}_c = -i(M_\perp^* \wedge M_\perp)$	$\sigma_c = \dfrac{k_f}{k_i}iS_{\alpha\beta}\varepsilon_{\alpha\beta\gamma}P_{i\gamma}$ $\{P_\alpha\sigma\}_c =$ $-\dfrac{k_f}{k_i}i\varepsilon_{\alpha\beta\gamma}S_{\beta\gamma}$ $S_{\alpha\beta} =$ $\mathcal{H}\left(M_{\perp,-Q}^\alpha, M_{\perp,Q}^\beta\right)$
(i) 原子核磁性	$\sigma_i = 2P_i \cdot \Re(N^*M_\perp)$ $\{P\sigma\}_i = 2\Re(N^*M_\perp)$ $+2P_i \wedge \Im(N^*M_\perp)$	$\sigma_i = \dfrac{k_f}{k_i}iS_+ \cdot P_i$ $\{P\sigma\}_i =$ $\dfrac{k_f}{k_i}(S_+ + iS_- \wedge P_i)$ $S_\pm =$ $\mathcal{H}_\pm(N_{-Q}, M_{\perp,Q})$

2.4.3 极化中子技术

1. 自旋相关衍射技术

极化中子衍射技术利用横截面 σ_t 的入射极化依赖性来测量单晶的精确定量磁化分布。它对晶胞中未成对电子分布的敏感性要高于使用非极化光束的传统方法 (约 $0.1m\mu_B$)。该技术主要用于研究施加了磁场的铁磁或亚铁磁有序的单晶。它也可以应用于某些反铁磁性材料

$$\Re(N*M) \neq 0 \quad \text{或} \quad M_\perp^* \wedge M_\perp \neq 0$$

如果光束完全平行于 (+) 或与反向极化于 (−) 所施加的场 ($P_i = \pm 1$)，并且样品为铁磁性或顺磁性且具有对称中心，则可以得到翻转率的简化表达式：

$$R(\boldsymbol{Q}) = \frac{\sigma_{\mathrm{t}}^+}{\sigma_{\mathrm{t}}^-} = \left[\frac{N(\boldsymbol{Q}) + \sin\alpha M(\boldsymbol{Q})}{N(\boldsymbol{Q}) - \sin\alpha M(\boldsymbol{Q})} \right]^2$$

其中，α 是极化矢量 (即外加电场) 与散射矢量 $\boldsymbol{Q}$ 方向之间的夹角。根据 $R(\boldsymbol{Q})$ 的实验值，前面的二次方程为 $\gamma(\boldsymbol{Q}) = M(\boldsymbol{Q})/N(\boldsymbol{Q})$ 之比提供了两个解。晶体结构已经通过其他技术测量得到，$N(\boldsymbol{Q})$ 的值是已知，并且通常很容易选择适当的 $M(\boldsymbol{Q})$。

2. 自旋翻转和非自旋翻转截面

在 Gatchina[5] 进行的早期实验之后，Moon、Riste 和 Koehler [6] 观察了直射束外的散射极化，并根据简化的理论得出了四个自旋态索引截面的子集。在样品位置使用足够强的磁导场，将入射极化方向绝热地设置在任意方向 (通常为 z 或 $\boldsymbol{Q}$)。散射极化可以有任何方向，但只能在纵向上进行分析，即平行于引导场的那一个 (不分析横向分量)。通过仅将分量保持与入射极化平行的方式，从基本方程推导出它们产生的四个横截面，例如 z：

$$\{\boldsymbol{P}\sigma\}_{\mathrm{t},z} = P_{\mathrm{i},z}(NN^* + M_{\perp,z}M_{\perp,z}^* - M_{\perp,x}M_{\perp,x}^* - M_{\perp,y}M_{\perp,y}^*)$$
$$+ N^*M_{\perp,z} + NM_{\perp,z}^* - iM_{\perp,x}^*M_{\perp,y} + iM_{\perp,x}M_{\perp,y}^*$$

对于完美偏振的光束，可以得到四个著名的横截面：

$$\sigma_{\mathrm{t},z}^{+,+} = N_0 \frac{(2\pi)^3}{v_0} |N + M_{\perp,z}|^2$$
$$\sigma_{\mathrm{t},z}^{-,-} = N_0 \frac{(2\pi)^3}{v_0} |N - M_{\perp,2}|^2$$
$$\sigma_{\mathrm{t},z}^{+,-} = N_0 \frac{(2\pi)^3}{v_0} |M_{\perp,x} + iM_{\perp,y}|^2$$

$$\sigma_{t,z}^{-;+} = N_0 \frac{(2\pi)^3}{v_0} |M_{\perp,x} - \mathrm{i}M_{\perp,y}|^2$$

这里自旋翻转截面 $\sigma_{t,z}^{+;-}$ 和 $\sigma_{t,z}^{-;+}$ 没有核贡献，只有平行于极化矢量的磁性分量 $M_{\perp,z}$，即引导区域对非旋转翻转截面 $\sigma_{t,z}^{+;+}$ 和 $\sigma_{t,z}^{-;-}$ 有贡献。因此，如果偏振平行于散射矢量 $\boldsymbol{Q}$，则只有核部分参与非自旋翻转截面。

3. XYZ 极化分析

在中子衍射图中，出现在核和磁布拉格峰下方的散射，通常被认为是令人讨厌的背景贡献。其实，它还可以提供有关磁性无序以及这种无序与局部原子缺陷结构之间相互作用的详细信息。但是，磁性无序散射的振幅通常较小，并且通常与核无序散射和核自旋非相干散射并存。为了分离各个成分，必须使用极化中子技术。例如，为了研究顺磁体、自旋玻璃和反铁磁体等系统中的自旋相关性和磁性缺陷结构，需要所谓的 XYZ 极化分析 (XYZ-PA)[7,8]。

在 XYZ-PA 中，测量的是沿任意定义的 x、y 和 z 方向的散射束的偏振的纵向分量。使用此技术，并确保散射矢量始终在 x-y 平面 (相对于中子极化矢量定义) 中，通过组合以下给出的六个测量横截面 (x、y 和 z 方向，自旋翻转和非自旋翻转)，可以在多探测器光谱仪上明确区分核、磁和自旋非相干结构因子：

$$\sigma_x^{\mathrm{sf}} = \frac{1}{2}(\cos^2\alpha + 1)\sigma_{\mathrm{mag}} + \frac{2}{3}\sigma_{\mathrm{si}}$$

$$\sigma_x^{\mathrm{nsf}} = \frac{1}{2}(\sin^2\alpha + 1)\sigma_{\mathrm{mag}} + \frac{1}{3}\sigma_{\mathrm{si}} + \sigma_{\mathrm{nc}} + \sigma_{\mathrm{ii}}$$

$$\sigma_y^{\mathrm{sf}} = \frac{1}{2}(\sin^2\alpha + 1)\sigma_{\mathrm{mag}} + \frac{2}{3}\sigma_{\mathrm{si}}$$

$$\sigma_y^{\mathrm{nsf}} = \frac{1}{2}(\cos^2\alpha + 1)\sigma_{\mathrm{mag}} + \frac{1}{3}\sigma_{\mathrm{si}} + \sigma_{\mathrm{nc}} + \sigma_{\mathrm{i}}$$

$$\sigma_z^{\mathrm{sf}} = \frac{1}{2}\sigma_{\mathrm{mag}} + \frac{2}{3}\sigma_{\mathrm{si}}$$

$$\sigma_z^{\mathrm{nsf}} = \frac{1}{2}\sigma_{\mathrm{mag}} + \frac{1}{3}\sigma_{\mathrm{si}} + \sigma_{\mathrm{nc}} + \sigma_{\mathrm{ii}}$$

下标 nc、mag、si 和 ii 分别代表核相干、磁、自旋非相干和同位素非相干贡献。这些方程适用于具有共线磁化和随机取向的力矩方向的系统 (即零磁场下的顺磁性系统或反铁磁性粉末)。通常，在反铁磁有序的单晶中，样品被 $\boldsymbol{M}$ 磁化的 x 和 y 分量 (即 $\boldsymbol{M}$ 在散射平面中的分量) 之间将具有很强的相关性。因此，为了分离有序的反铁磁单晶中的磁性横截面，必须预先知道 $\boldsymbol{M}$ 和 $\boldsymbol{Q}$ 之间的夹角或样品的磁性结构因数。实际上，如果这些量都不是已知的，则根据力矩方向，上述方程的应用将仅导致磁强度符号的可能变化。对于非共线系统，例如螺旋磁体，交叉项出现在磁相互作用势中，方程不成立[2-4]。XYZ-PA 方法不能应用于铁磁体的研究，因为铁磁畴和退磁场通常会使中子束去极化。

4. 零场球中子极化

测量散射极化的三个分量的唯一方法是将两个独立的磁场引导场连接到零场样品室上。目前，Cryopadd 是唯一能够在较大 $\boldsymbol{Q}$ 范围内以良好的精度实现对中子极化的全矢量控制的设备[9-13]。样品室保持在零场状态，防止由寄生场引起的任何偏振进动。

对于磁性结构，球形中子极化法 (SNP) 可以直接确定磁性相互作用矢量的方向和相位，对于 $\boldsymbol{\tau} = 0$ 反铁磁性结构，SNP 是一种测量精密形状因数和磁化强度分布的有效方法[14,15]。

由于横向分量包含与核电磁干扰项有关的信息，因此 SNP

显然是研究反铁磁化合物的最佳方法，因为反铁磁化合物的磁信息和核信息位于倒易空间中的同一位置。在非弹性情况下，人们在几何受挫的反铁磁体或自旋 Peierls 系统 (如 $CuGeO_3$) 中应该能够观察到预期的自旋晶格相关性。

以下是一些描述 SNP 实验时极化行为的规则：

(1) 当相互作用纯粹是核相干时 (例如，孤立的声子或无核自旋极化的核布拉格峰)，极化是守恒的。

(2) 当相互作用是纯非手性的磁性时 (例如，共线排列的磁性卫星或磁振子)，极化会绕着 $M_\perp$ 进动 π。

(3) 在非共线磁性结构的情况下，强度可能取决于 P_i，并且对于螺旋线，$M_\perp^* \wedge M_\perp$，可能沿散射矢量 Q 产生极化。

(4) 当存在核电磁干扰时，强度取决于 P_i，N 和 $M_\perp$ 同相。当 N 和 $M_\perp$ 处于同相状态 (如 Fe_2O_3) 时，会产生沿着 $M_\perp$ 向的极化，而当 N 和 $M_\perp$ 处于正交状态 (如 Cr_2O_3) 时，极化会绕着 $M_\perp$ 旋转。

参 考 文 献

[1] Squires, G. L. Introduction to the theory of thermal neutron scattering. (Courier Corporation, 1996).

[2] Maleyev, S. V. Physica B: Condensed Matter 276-268 (1998).

[3] Maleyev, S. V., Bar'yakhtar, V. & Suris, R. The scattering of slow neutrons by complex magnetic structures. Soviet Phys.-Solid State 4 (1963).

[4] Blume, M. Polarization effects in the magnetic elastic scattering of slow neutrons. Physical Review 130, 1670 (1963).

[5] Drabkin, G. & Zabidarov, E. Ya. A. Kasman, AI Okorokov and VA Trunov. Sov. Phys. JETP 20, 1548 (1965).

[6] Moon, R. M., Riste, T. & Koehler, W. Phys. Rev. 181 (1969).

[7] Schärpf, O. & Capellmann, H. The XYZ-Difference Method with Polarized Neutrons and the Separation of Coherent, Spin Incoherent, and Magnetic Scattering Cross Sections in a Multidetector. 135, 359-379 (1993).

[8]   Schärpf, O. & Capellmann, H. Structural and magnetic investigations of a La$_2$CuO$_4$ single crystal with polarization analysis. Zeitschrift für Physik B Condensed Matter 80, 253-262 (1990).

[9]   Tasset, F. Zero field neutron polarimetry. Physica B: Condensed Matter 156-157, 627-630(1989).

[10] Nunez, V., Brown, P. J., Forsyth, J. B. & Tasset, F. Zero-field neutron polarimetry. Physica B: Condensed Matter 174, 60-65(1991).

[11] Brown, P. J., Forsyth, J. B. & Tasset, F. Neutron polarimetry. 442, 147-160(1993).

[12] Tasset, F. Neutron beams at the spin revolution. Physica B: Condensed Matter 297, 1-8(2001).

[13] Brown, P. J. Polarised neutrons and complex antiferromagnets: an overview. Physica B: Condensed Matter 297, 198-203(2001).

[14] Brown, P. J., Forsyth, J. B. & Tasset, F. Precision determination of antiferromagnetic form factors. Physica B: Condensed Matter 267-268, 215-220(1999).

[15] Brown, P., Forsyth, J., Lelièvre-Berna, E. & Tasset, F. Determination of the magnetization distribution in Cr$_2$O$_3$ using spherical neutron polarimetry. Journal of Physics: Condensed Matter 14, 1957 (2002).

2.5 磁性形状因子

P. J. Brown

磁性形状因子 $f(q)$ 从单个磁性原子的磁化分布的傅里叶变换获得。假设它具有唯一的磁化方向，则可以将其写入

$$\boldsymbol{M} \int m(\boldsymbol{r})\mathrm{e}^{\mathrm{i}\boldsymbol{q}\cdot\boldsymbol{r}}\mathrm{d}r = \boldsymbol{M}f(\boldsymbol{q}) \qquad (2.5.1)$$

其中，$\boldsymbol{M}$ 表示力矩的大小和方向，而 $m(\boldsymbol{r})$ 是归一化的标量函数，它描述了磁化强度在原子体积上如何变化。当磁化强度来自单个开放壳中的电子时，可以从该壳中电子的径向分布中计算出

磁形状因子,从中获得形状因子的积分具有以下形式:

$$\langle j_L(q) \rangle = \int U^2(r) j_l(qr) 4\pi r^2 \mathrm{d}r \qquad (2.5.2)$$

j_l 是 begin 定义的球形贝塞尔函数

$$j_l(x) = \sqrt{\frac{\pi}{2x}} J_{l+\frac{1}{2}}(x) \qquad (2.5.3)$$

如果开放壳的轨道量子数为 l,则自旋矩的形状因子为

$$f_s(q) = \frac{1}{M_s} \sum_{L=0}^{2l} i^L \langle j_L(q) \rangle \sum_{M=-L}^{L} S_{LM} Y_M^L(\hat{q}) \qquad (2.5.4)$$

轨道矩为

$$f_o(\boldsymbol{q}) = \frac{1}{M_L} \sum_{L=0,2,\cdots}^{2t} [\langle j_L(q) \rangle + \langle j_{L+2}(q) \rangle] \sum_{M=-L}^{L} B_{LM} Y_M^L(\hat{\boldsymbol{q}}) \qquad (2.5.5)$$

系数 S_{LM}、B_{LM} 必须根据轨道波函数 [1] 计算。总旋转力矩 M_s 由 S_{00} 给出,轨道力矩 M_L 由 B_{00} 给出。对于小 q,偶极近似

$$f(\boldsymbol{q}) = (L+2S)\langle j_0(q) \rangle \boldsymbol{L} \langle j_2(q) \rangle \qquad (2.5.6)$$

表 2.5.1~ 表 2.5.4 给出了 3d 和 4d 系列离子中 d 电子,以及某些稀土离子和锕系离子的 f 电子的 $\langle j_0 \rangle$ 积分的解析近似系数。近似形式为

$$\langle j_0(s) \rangle = A\exp(-as^2) + B\exp(-bs^2) + C\exp(-cs^2) + D \qquad (2.5.7)$$

对于这些展开项,$s = \sin\theta/\lambda$,单位为 Å^{-1}。

表 2.5.1 $\langle j_0 \rangle$ 过渡元素及其离子的三维形成因子

离子	A	a	B	b	C	c	D
Sc0	0.2512	90.0296	0.3290	39.4021	0.4235	14.3222	−0.0043
Sc1	0.4889	51.1603	0.5203	14.0764	−0.0286	0.1792	0.0185
Sc2	0.5048	31.4035	0.5186	10.9897	−0.0241	1.1831	0.0000
Ti0	0.4657	33.5898	0.5490	9.8791	−0.0291	0.3232	0.0123
Ti1	0.5093	36.7033	0.5032	10.3713	−0.0263	0.3106	0.0116
Ti2	0.5091	24.9763	0.5162	8.7569	−0.0281	0.9160	0.0015
Ti3	0.3571	22.8413	0.6688	8.9306	−0.0354	0.4833	0.0099
V0	0.4086	28.8109	0.6077	8.5437	−0.0295	0.2768	0.0123
V1	0.4444	32.6479	0.5683	9.0971	−0.2285	0.0218	0.2150
V2	0.4085	23.8526	0.6091	8.2456	−0.1676	0.0415	0.1496
V3	0.3598	19.3364	0.6632	7.6172	−0.3064	0.0296	0.2835
V4	0.3106	16.8160	0.7198	7.0487	−0.0521	0.3020	0.0221
Cr0	0.1135	45.1990	0.3481	19.4931	0.5477	7.3542	−0.0092
Cr1	−0.0977	0.0470	0.4544	26.0054	0.5579	7.4892	0.0831
Cr2	1.2024	−0.0055	0.4158	20.5475	0.6032	6.9560	−1.2218
Cr3	−0.3094	0.0274	0.3680	17.0355	0.6559	6.5236	0.2856
Cr4	−0.2320	0.0433	0.3101	14.9518	0.7182	6.1726	0.2042
Mn0	0.2438	24.9629	0.1472	15.6728	0.6189	6.5403	−0.0105
Mn1	−0.0138	0.4213	0.4231	24.6680	0.5905	6.6545	−0.0010
Mn2	0.4220	17.6840	0.5948	6.0050	0.0043	−0.6090	−0.0219
Mn3	0.4198	14.2829	0.6054	5.4689	0.9241	−0.0088	−0.9498
Mn4	0.3760	12.5661	0.6602	5.1329	−0.0372	0.5630	0.0011
Fe0	0.0706	35.0085	0.3589	15.3583	0.5819	5.5606	−0.0114
Fe1	0.1251	34.9633	0.3629	15.5144	0.5223	5.5914	−0.0105
Fe2	0.0263	34.9597	0.3668	15.9435	0.6188	5.5935	−0.0119
Fe3	0.3972	13.2442	0.6295	4.9034	−0.0314	0.3496	0.0044
Fe4	0.3782	11.3800	0.6556	4.5920	−0.0346	0.4833	0.0005
Co0	0.4139	16.1616	0.6013	4.7805	−0.1518	0.0210	0.1345
Co1	0.0990	33.1252	0.3645	15.1768	0.5470	5.008J	−0.0109
Co2	0.4332	14.3553	0.5857	4.6077	−0.0382	0.1338	0.0179

离子	A	a	B	b	C	c	D
Co3	0.3902	12.5078	0.6324	4.4574	−0.1500	0.0343	0.1272
Co4	0.3515	10.7785	0.6778	4.2343	−0.0389	0.2409	0.0098
Ni0	−0.0172	35.7392	0.3174	14.2689	0.7136	4.5661	−0.0143
Ni1	0.0705	35.8561	0.3984	13.8042	0.5427	4.3965	−0.0118
Ni2	0.0163	35.8826	0.3916	13.2233	0.6052	4.3388	−0.0133
Ni3	0.00118	34.99982	0.34682	11.98742	0.66670	4.25185	−0.01484
Ni4	−0.0090	35.8614	0.2776	11.7904	0.7474	4.2011	−0.0163
Cu0	0.0909	34.9838	0.4088	11.4432	0.5128	3.8248	−0.0124
Cu1	0.0749	34.9656	0.4147	11.7642	0.5238	3.8497	−0.0127
Cu2	0.0232	34.9686	0.4023	11.5640	0.5882	3.8428	−0.0137
Cu3	0.0031	34.9074	0.3582	10.9138	0.6531	3.8279	−0.0147
Cu4	−0.0132	30.6817	0.2801	11.1626	0.7490	3.8172	−0.0165

表 2.5.2 $\langle j_0 \rangle$ 过渡元素及其离子的四维形成因子

离子	A	a	B	b	C	c	D
Y0	0.5915	67.6081	1.5123	17.9004	−1.1130	14.1359	0.0080
Zr0	0.4106	59.9961	1.0543	18.6476	−0.4751	10.5400	0.0106
Zr1	0.4532	59.5948	0.7834	21.4357	−0.2451	9.0360	0.0098
Nb0	0.3946	49.2297	1.3197	14.8216	−0.7269	9.6156	0.0129
Nb1	0.4572	49.9182	1.0274	15.7256	−0.4962	9.1573	0.0118
Mo0	0.1806	49.0568	1.2306	14.7859	−0.4268	6.9866	0.0171
Mo1	0.3500	48.0354	1.0305	15.0604	−0.3929	7.4790	0.0139
Tc0	0.1298	49.6611	1.1656	14.1307	−0.3134	5.5129	0.0195
Tc1	0.2674	48.9566	0.9569	15.1413	−0.2387	5.4578	0.0160
Ru0	0.1069	49.4238	1.1912	12.7417	−0.3176	4.9125	0.0213
Ru1	0.4410	33.3086	1.4775	9.5531	−0.9361	6.7220	0.0176
Rh0	0.0976	49.8825	1.1601	11.8307	−0.2789	4.1266	0.0234
Rh1	0.3342	29.7564	1.2209	9.4384	−0.5755	5.3320	0.0210
Pd0	0.2003	29.3633	1.1446	9.5993	−0.3689	4.0423	0.02511
Pd1	0.5033	24.5037	1.9982	6.9082	−1.5240	5.5133	0.0213

表 2.5.3 $\langle j_0 \rangle$ 稀土离子的形成因子

离子	A	a	B	b	C	c	D
Ce2	0.2953	17.6846	0.2923	6.7329	0.4313	5.3827	−0.0194
Nd2	0.1645	25.0453	0.2522	11.9782	0.6012	4.9461	−0.0180
Nd3	0.0540	25.0293	0.3101	12.1020	0.6575	4.7223	−0.0216
Sm2	0.0909	25.2032	0.3037	11.8562	0.6250	4.2366	−0.0200
Sm3	0.0288	25.2068	0.2973	11.8311	0.6954	4.2117	−0.0213
Eu2	0.0755	25.2960	0.3001	11.5993	0.6438	4.0252	−0.0196
Eu3	0.0204	25.3078	0.3010	11.4744	0.7005	3.9420	−0.0220
Gd2	0.0636	25.3823	0.3033	11.2125	0.6528	3.7877	−0.0199
Gd3	0.0186	25.3867	0.2895	11.1421	0.7135	3.7520	−0.0217
Tb2	0.0547	25.5086	0.3171	10.5911	0.6490	3.5171	−0.0212
Tb3	0.0177	25.5095	0.2921	10.5769	0.7133	3.5122	−0.0231
Dy2	0.1308	18.3155	0.3118	7.6645	0.5795	3.1469	−0.0226
Dy3	0.1157	15.0732	0.3270	6.7991	0.5821	3.0202	−0.0249
Ho2	0.0995	18.1761	0.3305	7.8556	0.5921	2.9799	−0.0230
Ho3	0.0566	18.3176	0.3365	7.6880	0.6317	2.9427	−0.0248
Er2	0.1122	18.1223	0.3462	6.9106	0.5649	2.7614	−0.0235
Er3	0.0586	17.9802	0.3540	7.0964	0.6126	2.7482	−0.0251
Tm2	0.0983	18.3236	0.3380	6.9178	0.5875	2.6622	−0.0241
Tm3	0.0581	15.0922	0.2787	7.8015	0.6854	2.7931	−0.0224
Yb2	0.0855	18.5123	0.2943	7.3734	0.6412	2.6777	−0.0213
Yb3	0.0416	16.0949	0.2849	7.8341	0.6961	2.6725	−0.0229
Pr3	0.0504	24.9989	0.2572	12.0377	0.7142	5.0039	−0.0219

表 2.5.4 $\langle j_0 \rangle$ 锕系元素的形成因子

离子	A	a	B	b	C	c	D
U3	0.5058	23.2882	1.3464	7.0028	−0.8724	4.8683	0.0192
U4	0.3291	23.5475	1.0836	8.4540	−0.4340	4.1196	0.0214
U5	0.3650	19.8038	3.2199	6.2818	−2.6077	5.3010	0.0233
Np3	0.5157	20.8654	2.2784	5.8930	−1.8163	4.8457	0.0211

续表

离子	A	a	B	b	C	c	D
Np4	0.4206	19.8046	2.8004	5.9783	-2.2436	4.9848	0.0228
Np5	0.3692	18.1900	3.1510	5.8500	-2.5446	4.9164	0.0248
Np6	0.2929	17.5611	3.4866	5.7847	-2.8066	4.8707	0.0267
Pu3	0.3840	16.6793	3.1049	5.4210	-2.5148	4.5512	0.0263
Pu4	0.4934	16.8355	1.6394	5.6384	-1.1581	4.1399	0.0248
Pu5	0.3888	16.5592	2.0362	5.6567	-1.4515	4.2552	0.0267
Pu6	0.3172	16.0507	3.4654	5.3507	-2.8102	4.5133	0.0281
Am2	0.4743	21.7761	1.5800	5.6902	-1.0779	4.1451	0.0218
Am3	0.4239	19.5739	1.4573	5.8722	-0.9052	3.9682	0.0238
Am4	0.3737	17.8625	1.3521	6.0426	-0.7514	3.7199	0.0258
Am5	0.2956	17.3725	1.4525	6.0734	-0.7755	3.6619	0.0277
Am6	0.2302	16.9533	1.4864	6.1159	-0.7457	3.5426	0.0294
Am7	0.3601	12.7299	1.9640	5.1203	-1.3560	3.7142	0.0316

当 $s = 0$ 时，$L \neq 0$ 的 $\langle j_0 \rangle$ 积分为零，并且已经拟合为

$$\langle j_0(s) \rangle = [A\exp(-as^2) + B\exp(-bs^2) + C\exp(-cs^2) + D]s^2 \tag{2.5.8}$$

表 2.5.5~ 表 2.5.13 给出了获得的系数。对于过渡金属系列，从 Hartree-Fock 波函数 [2] 以形状因子积分形式计算拟合。对于稀土和锕系元素，拟合与 Dirac-Fock 形状因子有关 [3,4]。在表中，原子符号后的数字表示原子的电离状态。因此，遵循 Fe0 的系数适用于中性铁原子，遵循 Fe2 的系数适用于 Fe^{2+}。

表 2.5.5 $\langle j_2 \rangle$ 过渡元素及其离子的三维形成因子

离子	A	a	B	b	C	c	D
Sc0	10.8172	54.3270	4.7353	14.8471	0.6071	4.2180	0.0011
Sc1	8.5021	34.2851	3.2116	10.9940	0.4244	3.6055	0.0009
Sc2	4.3683	28.6544	3.7231	10.8233	0.6074	3.6678	0.0014
Ti0	4.3583	36.0556	3.8230	11.1328	0.6855	3.4692	0.0020

离子	A	a	B	b	C	c	D
Ti1	6.1567	27.2754	2.6833	8.9827	0.4070	3.0524	0.0011
Ti2	4.3107	18.3484	2.0960	6.7970	0.2984	2.5476	0.0007
Ti3	3.3717	14.4441	1.8258	5.7126	0.2470	2.2654	0.0005
V0	3.8099	21.3471	2.3295	7.4089	0.4333	2.6324	0.0015
V1	4.7474	23.3226	2.3609	7.8082	0.4105	2.7063	0.0014
V2	3.4386	16.5303	1.9638	6.1415	0.2997	2.2669	0.0009
V3	2.3005	14.6821	2.0364	6.1304	0.4099	2.3815	0.0014
V4	1.8377	12.2668	1.8247	5.4578	0.3979	2.2483	0.0012
Cr0	3.4085	20.1267	2.1006	6.8020	0.4266	2.3941	0.0019
Cr1	3.7768	20.3456	2.1028	6.8926	0.4010	2.4114	0.0017
Cr2	2.6422	16.0598	1.9198	6.2531	0.4446	2.3715	0.0020
Cr3	1.6262	15.0656	2.0618	6.2842	0.5281	2.3680	0.0023
Cr4	1.0293	13.9498	1.9933	6.0593	0.5974	2.3457	0.0027
Mn0	2.6681	16.0601	1.7561	5.6396	0.3675	2.0488	0.0017
Mn1	3.2953	18.6950	1.8792	6.2403	0.3927	2.2006	0.0022
Mn2	2.0515	15.5561	1.8841	6.0625	0.4787	2.2323	0.0027
Mn3	1.2427	14.9966	1.9567	6.1181	0.5732	2.2577	0.0031
Mn4	0.7879	13.8857	1.8717	5.7433	0.5981	2.1818	0.0034
Fe0	1.9405	18.4733	1.9566	6.3234	0.5166	2.1607	0.0036
Fe1	2.6290	18.6598	1.8704	6.3313	0.4690	2.1628	0.0031
Fe2	1.6490	16.5593	1.9064	6.1325	0.5206	2.1370	0.0035
Fe3	1.3602	11.9976	1.5188	5.0025	0.4705	1.9914	0.0038
Fe4	1.5582	8.2750	1.1863	3.2794	0.1366	1.1068	−0.0022
Co0	1.9678	14.1699	1.4911	4.9475	0.3844	1.7973	0.0027
Co1	2.4097	16.1608	1.5780	5.4604	0.4095	1.9141	0.0031
Co2	1.9049	11.6444	1.3159	4.3574	0.3146	1.6453	0.0017
Co3	1.7058	8.8595	1.1409	3.3086	0.1474	1.0899	−0.0025
Co4	1.3110	8.0252	1.1551	3.1792	0.1608	1.1301	−0.0011
Ni0	1.0302	12.2521	1.4669	4.7453	0.4521	1.7437	0.0036
Ni1	2.1040	14.8655	1.4302	5.0714	0.4031	1.7784	0.0034
Ni2	1.7080	11.0160	1.2147	4.1031	0.3150	1.5334	0.0018

离子	A	a	B	b	C	c	D
Ni3	1.46828	8.67134	0.17943	1.10579	1.10681	3.25742	−0.00227
Ni4	1.1612	7.7000	1.0027	3.2628	0.2719	1.3780	0.0025
Cu0	1.9182	14.4904	1.3329	4.7301	0.3842	1.6394	0.0035
Cu1	1.8814	13.4333	1.2809	4.5446	0.3646	1.6022	0.0033
Cu2	1.5189	10.4779	1.1512	3.8132	0.2918	1.3979	0.0017
Cu3	1.2797	8.4502	1.0315	3.2796	0.2401	1.2498	0.0015
Cu4	0.9568	7.4481	0.9099	3.3964	0.3729	1.4936	0.0049

表 2.5.6 $\langle j_2 \rangle$ 原子和离子的四维形成因子

离子	A	a	B	b	C	c	D
Y0	14.4084	44.6577	5.1045	14.9043	−0.0535	3.3189	0.0028
Zr0	10.1378	35.3372	4.7734	12.5453	−0.0489	2.6721	0.0036
Zr1	11.8722	34.9200	4.0502	12.1266	−0.0632	2.8278	0.0034
Nb0	7.4796	33.1789	5.0884	11.5708	−0.0281	1.5635	0.0047
Nb1	8.7735	33.2848	4.6556	11.6046	−0.0268	1.5389	0.0044
Mo0	5.1180	23.4217	4.1809	9.2080	−0.0505	1.7434	0.0053
Mo1	7.2367	28.1282	4.0705	9.9228	−0.0317	1.4552	0.0049
Tc0	4.2441	21.3974	3.9439	8.3753	−0.0371	1.1870	0.0066
Tc1	6.4056	24.8243	3.5400	8.6112	−0.0366	1.4846	0.0044
Ru0	3.7445	18.6128	3.4749	7.4201	−0.0363	1.0068	0.0073
Ru1	5.2826	23.6832	3.5813	8.1521	−0.0257	0.4255	0.0131
Rh0	3.3651	17.3444	3.2121	6.8041	−0.0350	0.5031	0.0146
Rh1	4.0260	18.9497	3.1663	6.9998	−0.0296	0.4862	0.0127
Pd0	3.3105	14.7265	2.6332	5.8618	−0.0437	1.1303	0.0053
Pd1	4.2749	17.9002	2.7021	6.3541	−0.0258	0.6999	0.0071
Ce2	0.9809	18.0630	1.8413	7.7688	0.9905	2.8452	0.0120
Nd2	1.4530	18.3398	1.6196	7.2854	0.8752	2.6224	0.0126
Nd3	0.6751	18.3421	1.6272	7.2600	0.9644	2.6016	0.0150
Sm2	1.0360	18.4249	1.4769	7.0321	0.8810	2.4367	0.0152
Sm3	0.4707	18.4301	1.4261	7.0336	0.9574	2.4387	0.0182

离子	A	a	B	b	C	c	D
Eu2	0.8970	18.4429	1.3769	7.0054	0.9060	2.4213	0.0190
Eu3	0.3985	18.4514	1.3307	6.9556	0.9603	2.3780	0.0197
Gd2	0.7756	18.4695	1.3124	6.8990	0.8956	2.3383	0.0199
Gd3	0.3347	18.4758	1.2465	6.8767	0.9537	2.3184	0.0217
Tb2	0.6688	18.4909	1.2487	6.8219	0.8888	2.2751	0.0215
Tb3	0.2892	18.4973	1.1678	6.7972	0.9437	2.2573	0.0232
Dy2	0.5917	18.5114	1.1828	6.7465	0.8801	2.2141	0.0229
Dy3	0.2523	18.5172	1.0914	6.7362	0.9345	2.2082	0.0250
Ho2	0.5094	18.5155	1.1234	6.7060	0.8727	2.1589	0.0242
Ho3	0.2188	18.5157	1.0240	6.7070	0.9251	2.1614	0.0268
Er2	0.4693	18.5278	1.0545	6.6493	0.8679	2.1201	0.0261
Er3	0.1710	18.5337	0.9879	6.6246	0.9044	2.1004	0.0278
Tm2	0.4198	18.5417	0.9959	6.6002	0.8593	2.0818	0.0284
Tm3	0.1760	18.5417	0.9105	6.5787	0.8970	2.0622	0.0294
Yb2	0.3852	18.5497	0.9415	6.5507	0.8492	2.0425	0.0301
Yb3	0.1570	18.5553	0.8484	6.5403	0.8880	2.0367	0.0318
Pr3	0.8734	18.9876	1.5594	6.0872	0.8142	2.4150	0.0111

表 2.5.7 $\langle j_2 \rangle$ 锕系元素的形成因子

离子	A	a	B	b	C	c	D
U3	4.1582	16.5336	2.4675	5.9516	-0.0252	0.7646	0.0057
U4	3.7449	13.8944	2.6453	4.8634	-0.5218	3.1919	0.0009
U5	3.0724	12.5460	2.3076	5.2314	-0.0644	1.4738	0.0035
Np3	3.7170	15.1333	2.3216	5.5025	-0.0275	0.7996	0.0052
Np4	2.9203	14.6463	2.5979	5.5592	-0.0301	0.3669	0.0141
Np5	2.3308	13.6540	2.7219	5.4935	-0.1357	0.0493	0.1224
Np6	1.8245	13.1803	2.8508	5.4068	-0.1579	0.0444	0.1438
Pu3	2.0885	12.8712	2.5961	5.1896	-0.1465	0.0393	0.1343
Pu4	2.7244	12.9262	2.3387	5,1633	-0.1300	0.0457	0.1177
Pu5	2.1409	12.8319	2.5664	5.1522	-0.1338	0.0457	0.1210

离子	A	a	B	b	C	c	D
Pu6	1.7262	12.3240	2.6652	5.0662	−0.1695	0.0406	0.1550
Am2	3.5237	15.9545	2.2855	5.1946	−0.0142	0.5853	0.0033
Am3	2.8622	14.7328	2.4099	5.1439	−0.1326	0.0309	0.1233
Am4	2.4141	12.9478	2.3687	4.9447	−0.2490	0.0215	0.2371
Am5	2.0109	12.0534	2.4155	4.8358	−0.2264	0.0275	0.2128
Am6	1.6778	11.3372	2.4531	4.7247	−0.2043	0.0337	0.1892
Am7	1.8845	9.1606	2.0746	4.0422	−0.1318	1.7227	0.0020

表 2.5.8 $\langle j_4 \rangle$ 原子和离子的三维形成因子

离子	A	a	B	b	C	c	D
Sc0	1.3420	10.2000	0.3837	3.0786	0.0468	0.1178	−0.0328
Sc1	7.1167	15.4872	−6.6671	18.2692	0.4900	2.9917	0.0047
Sc2	−1.6684	15.6475	1.7742	9.0624	0.4075	2.4116	0.0042
Ti0	−2.1515	11.2705	2.5149	8.8590	0.3555	2.1491	0.0045
Ti1	−1.0383	16.1899	1.4699	8.9239	0.3631	2.2834	0.0044
Ti2	−1.3242	15.3096	1.2042	7.8994	0.3976	2.1562	0.0051
Ti3	−1.1117	14.6349	0.7689	6.9267	0.4385	2.0886	0.0060
V0	−0.9633	15.2729	0.9274	7.7315	0.3891	2.0530	0.0063
V1	−0.9606	15.5451	1.1278	8.1182	0.3653	2.0973	0.0056
V2	−1.1729	14.9732	0.9092	7.6131	0.4105	2.0391	0.0067
V3	−0.9417	14.2045	0.5284	6.6071	0.4411	1.9672	0.0076
V4	−0.7654	13.0970	0.3071	5.6739	0.4476	1.8707	0.0081
Cr0	−0.6670	19.6128	0.5342	6.4779	0.3641	1.9045	0.0073
Cr1	−0.8309	18.0428	0.7252	7.5313	0.3828	2.0032	0.0073
Cr2	−0.8903	15.6641	0.5590	7.0333	0.4093	1.9237	0.0081
Cr3	−0.7327	14.0727	0.3268	5.6741	0.4114	1.8101	0.0085
Cr4	−0.6748	12.9462	0.1805	6.7527	0.4526	1.7999	0.0098
Mn0	−0.5452	15.4713	0.4406	4.9024	0.2884	1.5430	0.0059
Mn1	−0.7947	17.8673	0.6078	7.7044	0.3798	1.9045	0.0087
Mn2	−0.7416	15.2555	0.3831	6.4693	0.3935	1.7997	0.0093

续表

离子	A	a	B	b	C	c	D
Mn3	-0.6603	13.6066	0.2322	6.2175	0.4104	1.7404	0.0101
Mn4	-0.5127	13.4613	0.0313	7.7631	0.4282	1.7006	0.0113
Fe0	-0.5029	19.6768	0.2999	3.7762	0.2576	1.4241	0.0071
Fe1	-0.5109	19.2501	0.3896	4.8913	0.2810	1.5265	0.0069
Fe2	-0.5401	17.2268	0.2865	3.7422	0.2658	1.4238	0.0076
Fe3	-0.5507	11.4929	0.2153	4.9063	0.3468	1.5230	0.0095
Fe4	-0.5352	9.5068	0.1783	5.1750	0.3584	1.4689	0.0097
Co0	-0.4221	14.1952	0.2900	3.9786	0.2469	1.2859	0.0063
Co1	-0.4115	14.5615	0.3580	4.7170	0.2644	1.4183	0.0074
Co2	-0.4759	14.0462	0.2747	3.7306	0.2458	1.2504	0.0057
Co3	-0.4466	13.3912	0.1419	3.0110	0.2773	1.3351	0.0093
Co4	-0.4091	13.1937	-0.0194	3.4169	0.3534	1.4214	0.0112
Ni0	-0.4428	14.4850	0.0870	3.2345	0.2932	1.3305	0.0096
Ni1	-0.3836	13.4246	0.3116	4.4619	0.2471	1.3088	0.0079
Ni2	-0.3803	10.4033	0.2838	3.3780	0.2108	1.1036	0.0050
Ni3	-0.40139	9.04616	0.23144	3.07531	0.21916	1.08378	0.00597
Ni4	-0.3509	8.1572	0.2220	2.1063	0.1567	0.9253	0.0065
Cu0	-0.3204	15.1324	0.2335	4.0205	0.2312	1.1957	0.0068
Cu1	-0.3572	15.1251	0.2336	3.9662	0.2315	1.1967	0.0070
Cu2	-0.3914	14.7400	0.1275	3.3840	0.2548	11..2552	0.0103
Cu3	-0.3671	14.0816	-0.0078	3.3149	0.3154	1.3767	0.0132
Cu4	-0.2915	14.1243	-0.1065	4.2008	0.3247	1.3516	0.0148

表 2.5.9 $\langle j_4 \rangle$ 原子和离子的四维形成因子

离子	A	a	B	b	C	c	D
Y0	-8.0767	32.2014	7.9197	25.1563	1.4067	6.8268	-0.0001
Zr0	-5.2697	32.8680	4.1930	24.1833	1.5202	6.0481	-0.0002
Zr1	-5.6384	33.6071	4.6729	22.3383	1.3258	5.9245	-0.0003
Nb0	-3.1377	25.5948	2.3411	16.5686	1.2304	4.9903	-0.0005
Nb1	-3.3598	25.8202	2.8297	16.4273	1.1203	4.9824	-0.0005

离子	A	a	B	b	C	c	D
Mo0	-2.8860	20.5717	1.8130	14.6281	1.1899	4.2638	-0.0008
Mo1	-3.2618	25.4862	2.3596	16.4622	1.1164	4.4913	-0.0007
Tc0	-2.7975	20.1589	1.6520	16.2609	1.1726	3.9427	-0.0008
Tc1	-2.0470	19.6830	1.6306	11.5925	0.8698	3.7689	-0.0010
Ru0	-1.5042	17.9489	0.6027	9.9608	0.9700	3.3927	-0.0010
Ru1	-1.6278	18.5063	1.1828	10.1886	0.8138	3.4180	-0.0009
Rh0	-1.3492	17.5766	0.4527	10.5066	0.9285	3.1555	-0.0009
Rh1	-1.4673	17.9572	0.7381	9.9444	0.8485	3.1263	-0.0012
Pd0	-1.1955	17.6282	0.3183	11.3094	0.8696	2.9089	-0.0006
Pd1	-1.4098	17.7650	0.7927	9.9991	0.7710	2.9297	-0.0006

表 2.5.10 $\langle j_4 \rangle$ 稀土离子的形成因子

离子	A	a	B	b	C	c	D
Ce2	-0.6468	10.5331	0.4052	5.6243	0.3412	1.5346	0.0080
Nd2	-0.5744	10.9304	0.4210	6.1052	0.3124	1.4654	0.0081
Nd2	-0.5416	12.2043	0.3571	6.1695	0.3154	1.4847	0.0098
Nd3	-0.4053	14.0141	0.0329	7.0046	0.3759	1.7074	0.0209
Sm2	-0.4150	14.0570	0.1368	7.0317	0.3272	1.5825	0.0192
Sm3	-0.4288	10.0525	0.1782	5.0191	0.2833	1.2364	0.0088
Eu2	-0.4145	10.1930	0.2447	5.1644	0.2661	1.2054	0.0065
Eu3	-0.4095	10.2113	0.1485	5.1755	0.2720	1.2374	0.0131
Gd2	-0.3824	10.3436	0.1955	5.3057	0.2622	1.2032	0.0097
Gd3	-0.3621	10.3531	0.1016	5.3104	0.2649	1.2185	0.0147
Tb2	-0.3443	10.4686	0.1481	5.4156	0.2575	1.1824	0.0104
Tb3	-0.3228	10.4763	0.0638	5.4189	0.2566	1.1962	0.0159
Dy2	-0.3206	12.0714	0.0904	8.0264	0.2616	1.2296	0.0143
Dy3	-0.2829	9.5247	0.0565	4.4292	0.2437	1.0665	0.0092
Ho2	-0.2976	9.7190	0.1224	4.6345	0.2279	1.0052	0.0063
Ho3	-0.2717	9.7313	0.0474	4.6378	0.2292	1.0473	0.0124
Er2	-0.2975	9.8294	0.1189	4.7406	0.2116	1.0039	0.0117

离子	A	a	B	b	C	c	D
Er3	−0.2568	9.8339	0.0356	4.7415	0.2172	1.0281	0.0148
Tm2	−0.2677	9.8883	0.0925	4.7838	0.2056	0.9896	0.0124
Tm3	−0.2292	9.8948	0.0124	4.7850	0.2108	1.0071	0.0151
Yb2	−0.2393	9.9469	0.0663	4.8231	0.2009	0.9651	0.0122
Yb3	−0.2121	8.1967	0.0325	3.1533	0.1975	0.8842	0.0093
Pr3	−0.3970	10.9919	0.0818	5.9897	0.3656	1.5021	0.0110

表 2.5.11　　$\langle j_4 \rangle$ 锕系元素的形成因子

离子	A	a	B	b	C	c	D
U3	−0.9859	16.6010	0.6116	6.5147	0.6020	2.5970	−0.0010
U4	−1.0540	16.6055	0.4339	6.5119	0.6746	2.5993	−0.0011
U5	−0.9588	16.4851	0.1576	6.4397	0.7785	2.6402	−0.0010
Np3	−0.9029	16.5858	0.4006	6.4699	0.6545	2.5631	−0.0004
Np4	−0.9887	12.4415	0.5918	5.2941	0.5306	2.2625	−0.0021
Np5	−0.8146	16.5809	−0.0055	6.4751	0.7956	2.5623	−0.0004
Np6	−0.6738	16.5531	−0.2297	6.5055	0.8513	2.5528	−0.0003
Pu3	−0.7014	16.3687	−0.1162	6.6971	0.7778	2.4502	0.0000
Pu4	−0.9160	12.2027	0.4891	5.1274	0.5290	2.1487	−0.0022
Pu5	−0.7035	16.3601	−0.0979	6.7057	0.7726	2.4475	0.0000
Pu6	−0.5560	16.3215	−0.3046	6.7685	0.8146	2.4259	0.0001
Am2	−0.7433	16.4163	0.3481	6.7884	0.6014	2.3465	0.0000
Am3	−0.8092	12.8542	0.4161	5.4592	0.5476	2.1721	−0.0011
Am4	−0.8548	12.2257	0.3037	5.9087	0.6173	2.1881	−0.0016
Am5	−0.6538	15.4625	−0.0948	5.9971	0.7295	2.2968	0.0000
Am6	−0.5390	15.4491	−0.2689	6.0169	0.7711	2.2970	0.0002
Am7	−0.4688	12.0193	−0.2692	7.0415	0.7297	2.1638	−0.0011

表 2.5.12 $\langle j_6 \rangle$ 稀土离子的形成因子

离子	A	a	B	b	C	c	D
Ce2	−0.1212	7.9940	−0.0639	4.0244	0.1519	1.0957	0.0078
Nd2	−0.1600	8.0086	0.0272	4.0284	0.1104	1.0682	0.0139
Nd3	−0.0416	8.0136	−0.1261	4.0399	0.1400	1.0873	0.0102
Sm2	−0.1428	6.0407	0.0723	2.0329	0.0550	0.5134	0.0081
Sm3	−0.0944	6.0299	−0.0498	2.0743	0.1372	0.6451	−0.0132
Eu2	−0.1252	6.0485	0.0507	2.0852	0.0572	0.6460	0.0132
Eu3	−0.0817	6.0389	−0.0596	2.1198	0.1243	0.7639	−0.0001
Gd2	−0.1351	5.0298	0.0828	2.0248	0.0315	0.5034	0.0187
Gd3	−0.0662	6.0308	−0.0850	2.1542	0.1323	0.8910	0.0048
Tb2	−0.0758	6.0319	−0.0540	2.1583	0.1199	0.8895	0.0051
Tb3	−0.0559	6.0311	−0.1020	2.2365	0.1264	1.1066	0.0167
Dy2	−0.0568	6.0324	−0.1003	2.2396	0.1401	1.1062	0.0109
Dy3	−0.0423	6.0376	−0.1248	2.2437	0.1359	1.2002	0.0188
Ho2	−0.0725	6.0453	−0.0318	2.2428	0.0738	1.2018	0.0252
Ho3	−0.0289	6.0504	−0.01545	2.2305	0.1550	1.2605	0.0177
Er2	−0.0648	6.0559	−0.0515	2.2303	0.0825	1.2638	0.0250
Er3	−0.0110	6.0609	−0.1954	2.2242	0.1818	1.2958	0.0149
Tm2	−0.0842	4.0699	0.0807	0.8492	−0.0287	0.0386	0.2095
Tm3	−0.00727	4.0730	0.0243	0.6888	3.9459	0.0023	−3.9076
Yb2	−0.0739	5.0306	0.0140	2.0300	0.0351	0.5080	0.0174
Yb3	−0.0345	5.0073	−0.0677	2.0198	0.0985	0.5485	−0.0076
Pr3	−0.0224	7.9931	−0.1202	3.9406	0.1299	0.8938	0.0051

表 2.5.13 $\langle j_6 \rangle$ 锕系元素的形成因子

离子	A	a	B	b	C	c	D
U3	−0.3797	9.9525	0.0459	5.0379	0.2748	1.6072	0.0016
U4	−0.1793	11.8961	−0.2269	5.4280	0.3291	1.7008	0.0030
U5	−0.0399	11.8909	−0.3458	5.5803	0.3340	1.6448	0.0029
Np3	−0.2427	11.8444	−0.1129	5.3774	0.2848	1.5676	0.0022

离子	A	a	B	b	C	c	D
Np4	−0.2436	9.5988	−0.1317	4.1014	0.3029	1.5447	0.0019
Np5	−0.1157	9.5649	−0.2654	4.2599	0.3298	1.5494	0.0025
Np6	−0.0128	9.5692	−0.3611	4.3035	0.3419	1.5406	0.0032
Pu3	−0.0364	9.5721	−0.3181	4.3424	0.3210	1.5233	0.0041
Pu4	−0.2394	7.8367	−0.0785	4.0243	0.2643	1.3776	0.0012
Pu5	−0.1090	7.8188	−0.2243	4.1000	0.2947	1.4040	0.0015
Pub	−0.0001	7.8196	−0.3354	4.1439	0.3097	1.4027	0.0020
Am2	−0.3176	7.8635	0.0771	4.1611	0.2194	1.3387	0.0018
Am3	−0.3159	6.9821	0.0682	3.9948	0.2141	1.1875	−0.0015
Am4	−0.1787	7.8805	−0.1274	4.0898	0.2565	1.3152	0.0017
Am5	−0.0927	6.0727	−0.2227	3.7840	0.2916	1.3723	0.0026
Am6	0.0152	6.0788	−0.3549	3.8610	0.3125	1.4031	0.0036
Am7	0.1292	6.0816	−0.4689	3.8791	0.3234	1.3934	0.0042

参 考 文 献

[1] Marshall, W. & Lovesey, S. W. Theory of Thermal Neutron Scattering: The Use of Neutrons for the Investigation of Condensed Matter. (Clarendon Press, 1971).

[2] Clementi, E. & Roetti, C. Roothaan-Hartree-Fock atomic wavefunctions: Basis functions and their coefficients for ground and certain excited states of neutral and ionized atoms, $Z \leqslant 54$. Atomic Data nuclear Data Tables 14, 177-478 (1974).

[3] Freeman, A. J. & Desclaux, J. P. Dirac-Fock studies of some electronic properties of rare-earth ions. Journal of Magnetism and Magnetic Materials 12, 11-21(1979).

[4] Desclaux, J., Freeman, A. J. Dirac-Fock studies of some electronic properties of actinide ions. Journal of Magnetism and Magnetic Materials 8, 119-129 (1978).

2.6 飞行时间非弹性中子散射

R. S. Eccleston

2.6.1 简介

在非弹性中子散射实验中，我们测量的是双微分截面：

$$\frac{\mathrm{d}^2\sigma}{\mathrm{d}\Omega\mathrm{d}E} = \frac{\boldsymbol{k}_{\mathrm{f}}}{\boldsymbol{k}_{\mathrm{i}}}b^2 S(\boldsymbol{Q},\omega)$$

热中子的速度约为 $\mathrm{km\cdot s}^{-1}$ 数量级；因此，可以通过测量几米距离内的飞行时间来确定它们的能量。在非弹性中子实验中，感兴趣的参数分别是能量和动量传递，即 $\hbar\omega$ 和 Q。

飞行时间光谱仪可以分为两类：

(1) 直接几何光谱仪，其中入射能量 E_{i} 由诸如晶体或斩波器之类的设备定义，而最终能量 E_{f} 由飞行时间确定。

(2) 间接 (倒置) 几何光谱仪，样品由白色入射光束照射，E_{f} 由晶体或滤光片定义，E_{i} 由飞行时间确定。

在脉冲源上，所有光谱仪都使用飞行时间技术。在稳态源上，需要脉冲设备，例如斩波器/晶体。

如果考虑到距离时间图，则可以清楚地了解每种类型的光谱仪的工作模式 (图 2.6.1)。

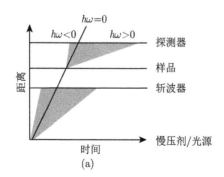

(a)

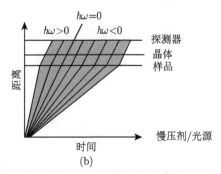

(b)

图 2.6.1   直接几何光谱仪 (a) 和间接几何光谱仪 (b) 的距离、时间图

2.6.2 (Q, ω) 空间的可访问区域

要了解 (Q, ω) 绘制的轨迹，应考虑散射三角形。显然，对于直接几何光谱仪，k_i 是固定的，k_f 是时间的函数，而间接几何仪器则相反 (图 2.6.2)。

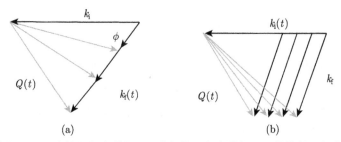

图 2.6.2   直接几何光谱仪 (a) 和间接几何光谱仪 (b) 的散射三角形

应用余弦规则

$$\boldsymbol{Q}^2 = \boldsymbol{k}_i^2 + \boldsymbol{k}_f^2 - 2\boldsymbol{k}_i\boldsymbol{k}_f\cos\phi$$

$$\frac{\hbar^2 Q^2}{2m} = E_i + E_f - 2(E_i E_f)^{1/2}\cos\phi$$

对于直接几何，E_f 可以消除

$$\frac{\hbar^2 \boldsymbol{Q}^2}{2m} = 2E_i - \hbar\omega - 2\cos\phi\left[E_i\left(E_i - \hbar\omega\right)\right]^{\frac{1}{2}}$$

每个检测器都有一个穿过 (Q,ω) 空间的抛物线轨迹。

为了充分利用直接几何光谱仪,检测器配备了大型检测器阵列,可以同时访问大量的 (Q,ω) 空间。

类似地,对于间接几何,E_i 可以消除

$$\frac{\hbar^2 Q^2}{2m} = 2E_f + \hbar\omega - 2\cos\phi[E_f(E_f + \hbar\omega)]^{1/2}$$

抛物线是倒置的。间接几何仪器的一个重要特征是可以进行广泛的能量转移,以减少能量损失 (图 2.6.3)。

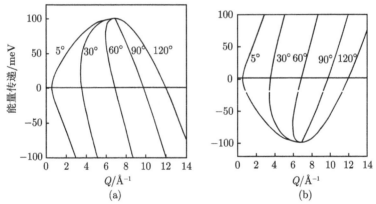

图 2.6.3　(Q,ω) 空间的轨迹:在给定的散射角下,用于探测器的直接几何光谱仪 (a) 和间接几何光谱仪 (b)

2.6.3　通用设备

表 2.6.1 提供了直接和间接几何设备的简化示例。两者之间的关键区别在于它们覆盖 (Q,ω) 空间的方式及其分辨率特性。在稳态源上,表中显示的减速器被诸如斩波器之类的脉冲设备代替。

表 2.6.1　　通用设备类型

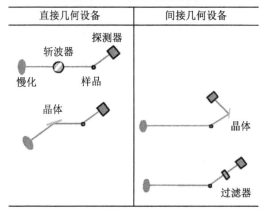

直接几何设备	间接几何设备

1. 斩波光谱仪

斩波器是直接几何光谱仪的普遍特性，理由将在本章的后面给出。斩波光谱仪的示例包括 ISIS 处的 HET、MARI 和 MAPS 以及 ILL 处的 IN4、IN5 和 IN6。对于稳态光源上的某些非时间光谱仪，斩波器仅提供光束的脉冲结构，而晶体单色仪用于选择入射能量，例如 IN6。其他仪器 (如 IN5) 也使用斩波器阵列，既提供脉冲结构又使光束单色化。

在脉冲源上，斩波光谱仪的设计通常非常简单，关键部件的布置如表 2.6.1 所示。使用费米斩波器对光束进行单色处理。通常还会安装第二个斩波器，以在质子束击中散裂目标时关闭射束线，从而防止大量的超热中子进入光谱仪，它们会让温度变热并产生背景信号。在所有情况中，在经济和物理的许可下，探测器阵列往往都尽可能大，以最大程度地提高光谱仪的效率。

2. 分辨率

为了简单起见，考虑了斩波光谱仪的分辨率功能。能量分辨率有两个贡献，分别来自减速器脉冲宽度和斩波器脉冲的带宽。

简而言之，表达式可以写成

$$\frac{\Delta\hbar\omega}{E_i} = \left[\left\{ \frac{2\Delta t_c}{t_c} \left[1 + \frac{L_1 + L_3}{L_2} \left(1 - \frac{\hbar\omega}{E_i} \right)^{\frac{3}{2}} \right] \right\}^2 \right.$$
$$\left. + \left\{ 2\frac{\Delta t_m}{t_c} \left[1 + \frac{L_3}{L_2} \left(1 - \frac{\hbar\omega}{E_i} \right)^{\frac{3}{2}} \right] \right\}^2 \right]^{1/2}$$

其中，Δt_c 是斩波器脉冲时间宽度，t_c 是斩波器的飞行时间，而 Δt_m 是减速器脉冲宽度，L_1 是慢化剂到斩波器的距离，L_2 是样本到检测器的距离，L_3 是斩波器到样本的距离。

2.6.4 斩波光谱仪上的单晶实验

过去，直接几何光谱仪被认为只非常适合研究非晶或多晶样品中的激发，但不适用于单晶。但是，仪器和实验技术的发展表明，直接几何光谱仪可以非常有效地用于此类研究，从而可以对 (Q, ω) 空间进行广泛的调查，但也可以进行详细的重点研究。

从散射三角形中，我们可以看到探测器阵列将在倒易空间中描绘出一个扇区，并且正如我们先前看到的，每个检测器在 (Q, ω) 空间中都具有抛物线轨迹。因此，较宽的探测器阵列会在 $(Q_{\parallel}, Q_{\perp}, \omega)$ 空间中描绘出一个表面 (图 2.6.4)。

考虑三维磁性系统中铁磁自旋波的示例。当色散与检测器的飞行时间轨迹所描绘的表面相交时，将观察到散射。

大位置敏感检测器 (PSD) 阵列的发展为单晶测量提供了更大的灵活性。ISIS 脉冲源的 MAPS 光谱仪的探测器面积为 16 m^2，分割为约 50000 像素。对于任何给定的晶体取向，可以在探测器的整个表面上进行任意切割，从而可以同时沿几个晶体学方向收集数据。从本质上讲，光谱仪收集了大量数据 (0.5 GB)，并且在实验后通过软件选择扫描方式。有关更多信息，请参见文献 [1]。

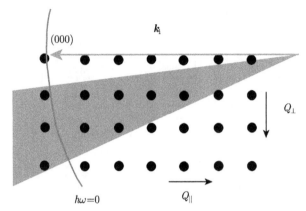

图 2.6.4　使用多探测器覆盖 $(Q_\parallel, Q_\perp)$ 空间中的区域

2.6.5　间接几何光谱仪

从图 2.6.2 可以明显看出，间接几何光谱仪可以访问各种中子能量损失值。它们还可以在弹性线上提供高分辨率，并以合理的分辨率在能量传递方面提供广泛的覆盖范围。

多种光谱仪设计提供不同的功能。

(1) 晶体分析仪：分子光谱。

(2) 背散射光谱仪：高分辨率。

(3) 相干激发光谱仪：单晶中的相干激发。

在依次讨论每一项之前，简要考虑一下间接几何光谱仪的分辨率特性是很有用的。

1. 间接几何光谱仪的分辨率

对于间接几何光谱仪，能量分辨率包含与分析仪散射的中子角展度的不确定性 $\Delta\theta_A$ 有关的项和入射飞行路径上的定时误差 Δt 有关的项。定时误差是由多种因素引起的，包括调节剂厚度、样品尺寸展宽、分析仪厚度展宽、探测器厚度和数据收集时间通道的有限宽度。如果以等效距离 $\delta = \hbar k_i \Delta t / m$ 的形式表示 Δt，

则能量分辨率可以简明地表示为

$$\frac{\Delta \hbar \omega}{E_i} = 2 \left[\left(\frac{\delta}{L_1} \right)^2 + \left\{ \frac{E_i}{E_f} \cot \theta_A \Delta \theta_A \left[1 + \frac{L_2}{L_1} \left(\frac{E_i}{E_f} \right)^{\frac{3}{2}} \right] \right\}^2 \right]^{\frac{1}{2}}$$

其中，L_1 是减速剂到样品的距离，L_2 是样品到探测器的距离。显然，增加 θ_A 或 L_1 可以提高分辨率，但会受到物理和仪器的限制。

2. 背散射光谱仪

对于晶体分析仪，该分辨率包含一个 $\cot \theta_A$ 项，使用后向散射几何结构可以将其降低到几乎为零，从而优化 E_f 的定义。在匹配的光谱仪中，应将 E_i 确定为相同的精度，因此 L_1 往往会很长。ISIS 设施的 IRIS 就是这种工具的一个很好的例子。在最常用的操作模式下，石墨分析仪的 002 反射将 E_f 定义为 1.845 meV，并提供 17 μeV 的分辨率。将分析仪冷却以减少热扩散散射 (TDS)，因为热扩散散射会加宽弹性峰并产生其他背景。

3. 晶体分析仪

对于分子光谱，能量信息通常比 Q 信息更重要。因此，测量沿单个轨迹的能量传递提供了一种有效的方法，可用于测量宽光谱范围内的激发。ISIS 的 TOSCA 就是一个很好的例子。石墨分析仪定义的 E_f 为 3 meV，使用冷却的铍滤光片去除高阶反射。二级光谱仪的几何形状使得样品、分析仪和检测器平行。这使散射中子有效地节约了时间，从而减少了散射中子飞行时间的不确定性。

4. 相干激发-PRISMA

上所述的斩波光谱仪和直接几何光谱仪的缺点之一是，它们不能沿高对称方向唯一地执行扫描。通过采用满足条件

$\sin \phi / \sin \theta_A =$ 常数的散射几何形状 (图 2.6.5)，所有探测器的飞行时间扫描都对应于 Q 空间中沿定义方向的扫描 (图 2.6.6)。

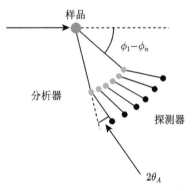

图 2.6.5　PRISMA 光谱仪示意图

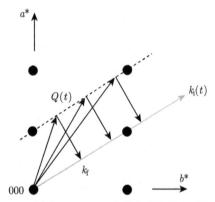

图 2.6.6　利用 PRISMA 光谱仪进行飞行时间扫描

　　PRISMA 光谱仪可以在此模式下运行。这在技术上具有挑战性，因为分析仪的移动受到碰撞风险的限制。

2.6.6 单色仪

1. 斩波器

如上所述，斩波器是直接几何光谱仪的关键组件。对于使用热能到高能范围中子的仪器，费米斩波器是最合适的。对于冷中子仪器来说，转盘斩波器具有固有的优势。

2. 费米斩波器

费米斩波器实际上是一个中间有孔的鼓，孔中交替填充了中子吸收材料 (板条) 和透明材料 (狭缝)。狭缝和板条是弯曲的，其曲率半径和狭缝/板条比率针对特定的能量范围进行了优化。例如，在 ISIS 斩波光谱仪上，使用三个狭缝封装来覆盖从 15 meV 到 2 eV 的入射能量范围。具有很宽狭缝的附加狭缝包装用于降低分辨率，从而提高强度。费米斩波器可以高达 600 Hz 的频率旋转。入射能量由斩波器相对于入射中子脉冲的相位来定义。分辨率由狭缝包装的狭缝/板条比率和斩波器频率决定。费米斩波器允许连续选择 E_i。

3. 转盘斩波器

简单地说，转盘斩波器就是个中间有孔的旋转圆盘。它们的传输比比费米斩波器更高，并且在选择 E_i 时具有相同的灵活性。使用两个圆盘或可变孔径的斩波器，无需更换狭缝包装。它们也很紧凑。但是，它们的频率受到工程约束的限制，毕竟转盘有一定厚度。这两个因素都意味着转盘斩波器对于热能至高能中子仪器来说通常是不实用的。

4. 晶体

晶体单色仪用于飞行时间光谱会受到限制，因为它们施加了一些几何约束，并且反射率随能量的升高而降低。可以通过使用双反射布置来解除几何约束，但要以第二次反射引起的额外损失为代价。单色仪的调焦确实提供了利用分辨率换取额外通量的机会。

如上所述,晶体分析仪在间接几何光谱仪上有着广泛的应用。

5. 过滤器

Be 过滤器能有效去除能量大于 5.2 meV 布拉格截止的中子。入射中子散布在 Be 中,然后被过滤器中的吸收片吸收。它们用于去除间接几何仪器中的高阶污染。冷却可以提高它们的效率,因为当某些中子的能量超过由于热激发声子的向上散射而产生的截止能量时,冷却可以降低这些中子的传输。

来自箔的核共振吸收用于非常高的能量测量。例如,ISIS 的 eVS 光谱仪使用滤膜差分技术,该技术使用铀或金箔测量 eV 范围内的原子动量分布。

参 考 文 献

[1] T.G.Perring, Neutron Scattering(mostly)from Low Dimensional Magnetic Systems, World Scientific, 2000.

2.7   三 轴 谱 仪

R. Currat, J. Kulda

2.7.1   技术原理

为了获得倒易空间中给定点 Q 上的激发光谱信息,必须采用比仅扫描散射中子的能量更复杂的过程。如图 2.7.1 所示,在扫描的每个点处,散射三角形都会被修正,以使 k_i 和 k_f 在相同的动量传递 Q 下闭合,但其中一个波矢 (最好是 k_i) 的长度会有所变化,以提供所需的能量传递。从图 2.7.1 可以清楚地看到,除了 k_i 和 k_f 被修改之外,散射三角形的所有角度都将发生变化。这是进行 $Q =$ 常数扫描需要更大灵活性所付出的代价:必须逐步进行测量,这使得多通道数据采集非常困难。

然而，与直接几何飞行时间仪器 TOF 相比，这一缺点在很大程度上由高入射单色通量来补偿，这是由于中子源的稳态操作与脉冲束截然相反，而脉冲束提供的中子只有总测量时间的约 1/1000。

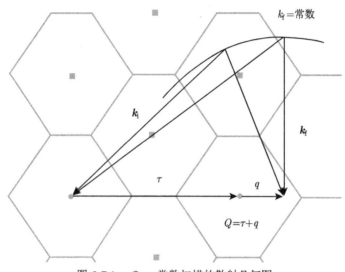

图 2.7.1 $Q = $ 常数扫描的散射几何图

一般来说，无论是在明确定义的点或沿着 (Q, ω) 空间中的给定方向寻找单晶中激发信息[1]，还是打算对测量光谱进行详细的定量解释，三轴光谱仪 (TAS) 都是首选技术。相反，如果目标是在宽的 (Q, ω) 范围内对激励进行全局观察，那么只要有用的探测器通道的数量能够补偿由于低占空比入射光束的时间调制而引起的初始损耗，TOF 就可能是有利的。

图 2.7.2 展示了三轴光谱仪的典型设置示意图。入射和散射中子波矢量 k_i 和 k_f 分别由单色仪和分析器晶体上的布拉格衍射选择。传统上，马赛克宽度为 20~30min 的铜、锌或热解石墨大晶体与索勒准直器结合使用，以确定入射和衍射光束的发散

度。在目前的仪器上，镶嵌晶体被分割成几厘米大小的板，并安装在机械装置 (折弯机) 上，机械装置的方向可以独立控制，充当曲面镜的功能，从而将中子束水平和/或垂直聚焦在样品和探测器上 [2,3]。最近，弹性弯曲的完美硅和锗晶体，由于没有随机镶嵌块取向差，聚焦特性被改进，被用于需要更高分辨率的工作 [4]。入射到样品上的单色中子通量由低效率 ($10^{-5} \sim 10^{-4}$) 探测器 ("监视器 1") 监控，另一个类似的 "监视器 2" 放置在散射光束中，以检测强布拉格衍射峰的最终存在，这可能会在非弹性光谱中产生虚假信号。探测器通常是单个 ^{3}He 比例气体管。

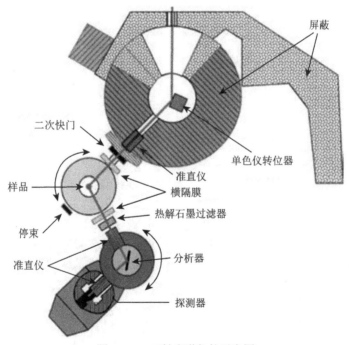

图 2.7.2   三轴光谱仪的示意图

单色仪和分析仪晶体与标称波长 λ 及其谐波 $\lambda/2$、$\lambda/3$ 等一起衍射，这可能是导致杂散效应的来源。通常，最麻烦的是 $\lambda/2$，因为它最强,并且其能量最接近标称值。使用适当的过滤器可以抑制谐波污染。对于热中子,可以使用吸收滤光片,在 $0.1 \sim 1$ eV 范围内使用某些原子核的尖锐吸收共振。对于热中子,在"神奇"的 $\lambda = 1.53$ Å 和 2.36 Å 处,热解石墨 (PG) 可以有效地抑制二阶 (污染),分别对应于 $k = 4.1$ Å^{-1} 和 2.66 Å^{-1}。对于冷中子,冷却的多晶铍允许将所有波长切割成 4 Å 以下,相当于仅传输 $k < 1.57$ Å^{-1} 的中子。另外,硅和锗晶体的奇数 $-hkl$ 反射没有二阶污染,可以用于某些特定应用。

2.7.2 TAS 解析函数

分辨率体积,即 (Q, ω) 空间的区域,对应于在给定的光谱仪配置中散射和记录的中子的动量和能量转移,可以用各向异性的 4D 椭圆体来做一定的近似。它可以写成两个倒易空间分布函数 $p_i(k_i)$ 和 $p_f(k_f)$ 的卷积形式,它们描述了单色仪臂和分析仪臂的传输[4]。以 (Q, ω) 为特征的光谱仪,相应标称值为 (Q_0, ω_0),测得的强度为

$$I(\boldsymbol{Q}_0, \omega_0) = NA(k_I) \int R(\boldsymbol{Q} - \boldsymbol{Q}_0, \omega - \omega_0) S(\boldsymbol{Q}, \omega) \mathrm{d}\boldsymbol{Q}\mathrm{d}\omega \quad (2.7.1)$$

其中,$A(k_I)$ 和 $S(Q, \omega)$ 分别表示源谱和样本散射函数。解析函数的范数是两个分布的范数的乘积:

$$\int R(\boldsymbol{Q} - \boldsymbol{Q}_0, \omega - \omega_0) \mathrm{d}\boldsymbol{Q}\mathrm{d}\omega = \int p_i(\boldsymbol{k}_i) p_f(\boldsymbol{k}_f) \mathrm{d}\boldsymbol{k}_i \mathrm{d}\boldsymbol{k}_f = V_I V_F$$

$$(2.7.2)$$

在高斯近似[5,6] 中,TAS 分辨率函数取决于运动学变量 $\boldsymbol{k}_i$ 和 $\boldsymbol{k}_f$,它们定义了能量和动量传递 (Q, ω),以及准直角、镶嵌宽度和散射方向。对于平面镶嵌单色仪晶体 (即在没有聚焦的情况下),可以得到

$$V_I = P_m(k_I) k_I^3 \cot\theta_M (2\pi)^3$$

$$\frac{\eta_m \alpha_0 \alpha_1}{\sqrt{4\eta_m^2 + \alpha_0^2 + \alpha_1^2}} \frac{\beta_0 \beta_1}{\sqrt{4\sin^2(\theta_m)\eta_m'^2 + \beta_0^2 + \beta_1^2}} \tag{2.7.3}$$

其中，k_I 是入射中子平均波矢量，$k_I = V_I^{-1} \int k_i p_i(k_i) \mathrm{d}k_i$，并且 α_0、β_0、α_1 和 β_1 分别是单色仪前后的水平和垂直光束准直角；η_m 和 η_m' 分别是单色晶体的水平和垂直镶嵌宽度，$P_m(k_I)$ 是其峰值反射率。V_F 的表达式与此类似。

水平和垂直方向上的典型光束发散度为 $0.5° \sim 2°$，导致相对动量传递分辨率为 $\Delta Q/Q \approx 10^{-2}$。整体能量分辨率通常在 $5\% \sim 10\%$ 的范围内，但在特定情况下可以提高。根据中子源的光谱类型——快中子 (hot)、热中子 (thermal) 或慢中子 (cold)——TAS 可用于从 50 eV 到 200 MeV 能量范围的激发的研究。

实际上，受空间变量 (源尺寸、狭缝宽度、样品尺寸) 以及最终使用由板状片段组成的复合晶体以获得近似水平和/或垂直聚焦的影响，解析体积具有更复杂的形状。起初，高斯近似已经被拓展到能够更真实地描述 TAS 分辨率函数[7]。最近，RESTAX[8] 和 McStas[9] 计算机软件包投入使用，它们为整个仪器提供了高度逼真的蒙特卡罗射线跟踪模拟，包括中子导管、狭缝等的影响。其固有的透射分布不一定由高斯分布表示。

2.7.3 TAS 实验的准备和优化

准备 TAS 实验的第一件事就是定义所需的中子能范围，使其与要研究的问题相匹配。接下来，将选择合适的仪器安装在相应中子源 (冷，热或超热) 处。我们需要留意以下影响决策的主要因素。

(1) 动量约束，在所需范围内的 (Q,ω) 都应满足动量守恒定律 ("闭合三角形")；这些限制在磁性材料的研究中尤为严峻，其中低 Q 和大 ω 经常结合出现。

(2) 实验应满足一定的分辨率/强度条件。分辨率的任何提高均会带来计数损失。

(3) 仪器会受到角度限制, 尤其是散射角 q 的最大值, 它决定了在给定 k_i、k_f 值集合内 Q 可能达到的最大值。

(4) 虚假信号的风险。根据经验, 在下散射模式下, 最终能量应与能量传输相当, 以最大程度地减少谐波污染 (见下文), 并且在上散射模式下的入射能量也应如此。

表 2.7.1 列出了典型的中子能量和仪器参数, 以便快速浏览。精确值取决于每个仪器的详细特性, 通量与格勒诺布尔 ILL(法国) 的高通量反应器中的仪器相对应。在较小的电抗器上可用的通量值可以低 1~2 个数量级。可优化的实验条件包括单色仪和分析仪晶体的 d 间距, 使用平面或聚焦弯曲晶体准直, 以及在散射配置等方面做出选择和折中。在执行这一复杂的优化过程时, 应使用上述模拟程序之一。

表 2.7.1 TAS 光谱分析仪的典型中子能量和仪器参数

TAS	冷	热	高温
单色/分析器	PG002	PG002	Cu220
Flux/ $\left(10^7\ cm^{-2} \cdot s^{-1}\right)$	1~3	3~30	1~3
$k_i/\text{Å}^{-1}$	1~2.66	2.66~6	5~15
$Q_{max}/\text{Å}^{-1}$	2	6	12
$\Delta Q/\text{Å}^{-1}$	0.003	0.01	0.03
E/meV	0.1~10	5~60	50~200
$\Delta E/meV$	0.05~0.5	0.8~4	4~10

2.7.4 数据处理

通常, 应逐点校正在恒定 Q 扫描中测得的强度, 以应对分辨率函数范数的变化 (零级分辨率校正)。

对于以恒定 k_f 模式获得的扫描, V_F 在整个扫描过程中是恒定的, 应针对 $A(k_I)V_I$ 的变化对测得的强度进行校正。由于 $A(k_I)k_IV_I$ 用于测量入射在样品上的中子通量, 因此在入射束中

使用具有 $1/v_n$ 特性的监视器，足以标准化每个点的计数时间。但是，入射光束中存在高次谐波 ($\lambda/2$，$\lambda/3$，$\cdots$)，通常还需要进行其他校正 (请参见下文)。

对于以恒定 k_i 模式获得的扫描，必须针对 $P_a(k_F)k_F^3\cot\theta_a$ 的变化校正测得的强度。注意，由于寄生多次布拉格反射，$P_a(k_F)$ 可能随 k_F 迅速变化。

2.7.5 虚假信号

一个可能干扰测量的因素是，在主光束中的谐波矢量 $2k_i$，$3k_i$，$\cdots$ 或散射光束中的 $2k_f$，$3k_f$，$\cdots$ 它们是由单色仪或分析仪位置处的高阶衍射造成的。例如，未经滤波的 $2k_i$ 和 $3k_i$ 谐波对监视器计数率的贡献 (用于在恒定 k_f 模式下对采集时间进行归一化) 可能非常显著，并且会导致较大的扫描轮廓失真，除非进行校正。

当 k_i 和 k_f 值成比例时，

$$nk_i = mk_f, \quad n, m = 1, 2, 3, 4, \cdots$$

谐波还会导致虚假信号，原因在于样品 (或其环境) 上的弹性 (相干或不相干) 散射。为了将该过程的可能性降到最低，应该限制相对于入射中子的能量转移的幅度。安全的经验法则是 $2/3 < k_i/k_f < 3/2$。

在三轴配置中会观察到虚假的 "非弹性" 峰，这样，在给定中子能量的情况下，三个晶体中有两个 (样品 + 单色仪或样品 + 分析仪) 满足布拉格条件。这些配置在图 2.7.3(a) 和 (b) 中示意性地给出。

图 2.7.3(a) 所示的伪过程 (I 型) 如下所述：具有标称波矢量 k_i 的入射中子沿标称散射束方向 (k_f 方向) 被布拉格散射。这些中子能量不匹配，无法被检偏仪布拉格散射。然而，其中一些可能会通过在检偏仪位置发生的某些其他过程 (非相干、漫射或非弹性散射) 散射到探测器中。这种过程的效率很低，可以被样品

处布拉格散射的高效率抵消掉，因此，如果在恒定 Q 或恒定 ω 扫描过程中遇到图 2.7.3(a) 所示的配置，可能导致探测器计数率显著增加。这样的过程可以借助于紧接在分析仪晶体之前的监视器 (所谓的监视器 2) 来检测。

图 2.7.3(b) 显示了逆过程 (Ⅱ 型)，其中非布拉格散射发生在单色仪位置。监视器 2 未检测到后一种事件。

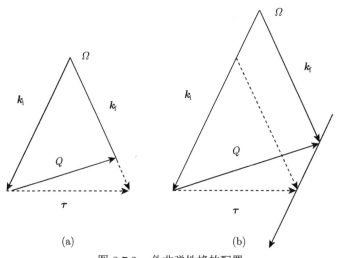

(a)   (b)

图 2.7.3 伪非弹性峰的配置

在任意布拉格峰 τ_{hkl} 周围，Q 空间中存在两个方向，在恒定 Q 扫描的聚焦侧会出现虚假的类似于声学的 "非弹性" 峰：这些 "危险方向" 是 k_i^B 和 k_f^B 的方向，其中 k_i^B 和 k_f^B 满足布拉格散射配置：

$$k_i^B - k_f^B = \tau_{hk1}$$

当搜索长波激发时，也就是当 $Q = \tau + q$ 时，$|q| \ll |\tau|$，上图必须扩展，如此才能包括样本镶嵌效应。

当比率 $|q|/|\tau|$ 接近或小于以弧度表示的样本镶嵌展开时，

样本镶嵌效果非常明显。

定性地看，影响是双重的：

(1) 虚假的类似声学的 "分支" 不再局限于特殊的 q 方向。

(2) 峰值对称地出现在恒定 Q 扫描的聚焦侧和散焦侧。

定量地看，虚假粒子的 "分散关系" 为

$$v_s(\boldsymbol{q})(\text{THz}) \approx \pm 2\frac{k_i^2}{\tau^2}\boldsymbol{q} \cdot \boldsymbol{\tau} \qquad (2.7.4)$$

其中，$-$ 和 $+$ 分别表示 I 型和 II 型过程。

当光谱仪在恒定 k_f 模式下工作时，虚假峰处的 k_i 值不是先验已知的。然而，由于上述等式 (2.7.1) 仅对 $|\boldsymbol{q}|/|\boldsymbol{\tau}|$ 中的一阶有效，因此可以用 k_f 代替 k_i。

参 考 文 献

[1] Sköld, K. & Price, D. (Neutron Scattering Part AC Academic Press, 1987).

[2] Wagner, V. & Magerl, A. Workshop on focusing Bragg Optics. 4, 10-11 (1993).

[3] Pintschovius, L. Performance of a three-axis neutron spectrometer using horizontally and vertically focussing monochromators. Nuclear Instruments Methods in Physics Research Section A: Accelerators, Spectrometers, Detectors Associated Equipment 338, 136-143 (1994).

[4] Kulda, J. & Saroun, J. Elastically bent silicon monochromator and analyzer on a TAS instrument. Nuclear Instruments and Methods in Physics Research Section A: Accelerators, Spectrometers, Detectors and Associated Equipment 379, 155-166(1996).

[5] Cooper, M. J. & Nathans, R. The resolution function in neutron diffractometry. I. The resolution function of a neutron diffractometer and its application to phonon measurements. Acta Crystallographica 23, 357-367, doi:10.1107/S0365110X67002816 (1967).

[6] Dorner, B. The normalization of the resolution function for inelastic neutron scattering and its application. Acta Crystallographica

Section A 28, 319-327(1972).

[7] Popovici, M., Stoica, A. D. & Ionita, I. Optics of curved-crystal neutron spectrometers. I. Three-axis spectrometers. Journal of Applied Crystallography 20, 90-101(1987).

[8] Saroun, J. & Kulda, J. RESTRAX — a program for TAS resolution calculation and scan profile simulation. Physica B: Condensed Matter 234-236, 1102-1104(1997).

[9] Lefmann, K., Nielsen, K., Tennant, A. & Lake, B. McStas 1.1: a tool for building neutron Monte Carlo simulations. Physica B: Condensed Matter 276-278, 152-153(2000).

2.8 中子自旋回波的基础

B. Farago

2.8.1 简介

直到 1974 年，非弹性中子散射是通过某种方法产生一束已知速度的中子束，并在散射事件后测量中子的最终速度。能量变化越小，中子速度就越好定义。由于中子来自一个近似麦克斯韦分布的反应堆，只有以无限低的计数率为代价，才能获得无限好的能量分辨率。于是在反向散射仪器上引入了大约 0.1 eV 的实际分辨率极限。

1972 年，梅泽 (F. Mezei) 发现了中子自旋回波法。正如我们将在下面看到的，这种方法将能量分辨率从强度损失中分离出来。

2.8.2 基础

可以证明 [1]，具有磁矩和 1/2 自旋的极化粒子集合的行为与经典磁矩完全一样。进入与磁矩垂直的磁场区域后，它将做拉莫尔进动。对于中子：

$$\omega = \gamma B$$

其中，B 是磁场，ω 是旋转频率，$\gamma = 2.916$ kHz/Oe 是中子的旋磁比。

当磁场相对于中子轨迹改变方向时，必须区分两种极限情况：

(1) 绝热变化，当磁场方向的变化 (如中子所见) 比拉莫尔进动慢时。在这种情况下，平行于磁场的光束偏振分量将保持不变，并且它将遵循磁场方向。

(2) 突变，恰恰是极限的另一端。在这种情况下，偏振将不会遵循场方向。该极限用于实现静态 (Mezei) 翻转。

现在我们考虑某些进入长度为 l_1 的 B_1 磁场区域的极化中子束。中子的总进动角为

$$\varphi_1 = \frac{\gamma B_1 l_1}{v_1}$$

它取决于中子的速度 (波长)。如果 v_1 具有有限的分布，则在经历短距离 (极化几圈) 之后，光束看起来完全去极化。现在，如果光束通过长度为 l_2 的相反场 B_2 另一个区域，则总进动角为

$$\varphi_{tot} = \frac{\gamma B_1 l_1}{v_1} - \frac{\gamma B_2 l_2}{v_2}$$

在样品上发生弹性散射的情况下，$v_1 = v_2 = v$，如果 $B_1 l_1 = B_2 l_2$，那么 φ_{tot} 为零，与 v 无关，我们恢复原始的光束偏振。现在我们假设一个中子被散射，在 B_1 和 B_2 区域之间有一个小 ω 能量交换。在这种情况下，以 ω 为主导：

$$\varphi_{tot} = \frac{\hbar \gamma B l}{m v^3} \omega$$

其中 m 是中子的质量。

如果我们在第二进动场之后放置一个检偏器，并且中子的极化与检偏器方向之间的夹角为 φ，则中子传输的概率为 $\cos\varphi$。我们必须对所有散射中子取期望值 $\langle\cos\varphi\rangle$。在 q 给定的情况下，

能量交换为 ω 的散射概率为 $S(q,\omega)$。因此，测得的光束偏振为

$$\langle\cos\varphi\rangle = \frac{\displaystyle\int\cos\left(\frac{\hbar\gamma Bl}{mv^3}\omega\right)S(q,\omega)\mathrm{d}\omega}{\displaystyle\int S(q,\omega)\mathrm{d}\omega} = S(q,t)$$

因此，中子自旋回波 (NSE) 能直接测得中间散射函数 (图 2.8.1)，其中

$$t = \frac{\hbar\gamma Bl}{mv^3}$$

要重点注意的是，$t \propto \left(\dfrac{1}{v}\right)^3 \lambda^3$，因此 t 的分辨率随着 λ 的增加而迅速增加。

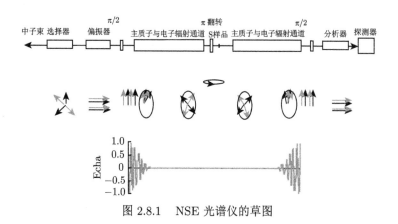

图 2.8.1　NSE 光谱仪的草图

2.8.3　安装实行

在实践中，很难反转磁场，因为在中间会产生一个零磁场点，在该点上光束容易去极化。取而代之的是，使用连续的水平场 (通常由螺线管产生)，并且 $\pi/2$ 翻转器通过垂直于磁场翻转

水平极化产生进动。场反转由一个 π 翻转器代替，该翻转器使进动平面绕轴反转。最后，第二个 $\pi/2$ 翻转器使进动停止，并朝检偏器方向转动恢复极化。

2.8.4　要素

1. 单色化

NSE 的最大优势是将单色化与能量分辨率分离开来。每当 q 分辨率不是那么重要 (或者是由角分辨率而不是波长分布决定) 时，高透射率 (即 $\Delta\lambda/\lambda = 15\%$ FWHM) 的中子速度选择器是最佳选择。如有必要，可通过在检偏器后安装晶体单色仪 (石墨或云母) 和布拉格几何形状的探测器来缩小波长分布。

更进一步的选择是，使用 IN15 上实施的飞行时间。全彩色光束 (来自反应器的麦克斯韦分布) 可以使用离探测器相对较远 (如 20 m) 的旋转盘斩波器来脉冲化。等到中子到达探测器时，脉冲将完全散开，并且从飞行时间开始，我们可以计算出在任何时刻探测到的单色中子的波长。在不同的时间通道中收集数据，可以使用整个波长范围。

2. 偏振器

这是分光计的一个非常重要的部分，通常使用超反射镜。有两种可能的选择，即反射或透射模式。由于偏振器与样品的距离为 $2\sim3$ m，两种情况的威胁主要是来自偏振器的入射光束发散度的不必要增加。由于这个相对较大的距离，我们可以从样品的中子通量中减去整数因子。在本质上，超反射镜的反射更容易增加光束发散，并且，如果有用的范围足够大，还会带来校准的不便，即反射角必须依据不同波长做相应调整。另外，这种类型的超反射镜更容易获得。从最近的进展来看，在硅晶片上能够生产出质量足够好的超反射镜，进而制造出类似空腔的传输器件。

偏振器作为入射光束最重要的部分，需要仔细检查。如果我们观察轨迹 A，它与光束轴平行，可以看到，它在偏振器之后变得非常发散。事实上，如果波长足够大，超反射镜上的第一次反射低于临界角，只有当中子从导向器上反弹回来时，极化才会发生，但现在入射角更大了。然而，如图 2.8.2 所示，轨迹 B 以相同的大发散到达，然后离开与轴平行的偏振器。导向器错位或切割导致非常发散的中子丢失，如果发生以上情况，轨道 A 将不会被替换，实际上光束的中心将被清空。

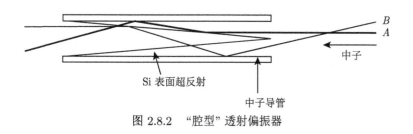

图 2.8.2 "腔型"透射偏振器

3. π 和 π/2 翻转器

翻转器的功能基于非绝热极限。使用垂直于中子束的扁平线圈 (厚度约为 5 mm)，内部具有相对强的场，并且布置成水平场很小，穿过 (薄) 绕组的极化中子来不及绝热地跟随场方向的变化。突然，光束的偏振不再平行于磁场，它将开始围绕磁场进动。通过适当选择磁场强度和方向，中子在穿过翻转器过程中将精确进动 π 或 π /2(图 2.8.3)。

在 TOF 的情况下，必须及时针对刚刚通过的波长调制翻转器电流，达到期望的作用。

4. 主旋进线圈

我们已经看到傅里叶时间与场积分成比例。如果要获得良好的分辨率，则需要高视野和长积分路径，但两者都有缺点。即使对于主进动线圈的最对称解决方案 (螺线管)，也会在有限的光束尺寸下产生不均匀的磁场。潜在的物理原因是，在进动线圈的中间，我们有很强的磁场，在翻转器处，如上所述，我们需要一个小的水平分量。由麦克斯韦方程，我们知道 div(B) 为零，因此过渡区域将引入不均匀性。

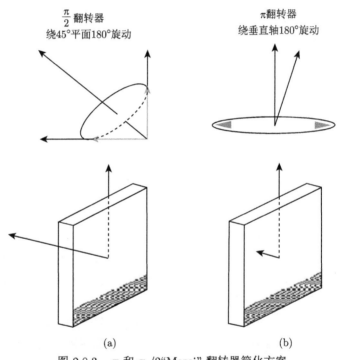

$\frac{\pi}{2}$ 翻转器
绕45°平面180°旋动

π翻转器
绕垂直轴180°旋动

(a)   (b)

图 2.8.3 π 和 π /2"Mezei" 翻转器简化方案

制作较长的旋进线圈不一定是最佳的办法，因为这会增加光源 (偏振器出口) 与样品之间的距离以及样品检测器之间的距离。计数率会随着 $R^{-2} * R^{-2}$ 降低。

必须特别注意，绕组应尽可能规则，以便能够计算出必要的修正。但这并不总是一个明显的任务，例如在 IN11 上，线圈由两层水冷空心导体组成，总匝数为 400，最大电流为 600 A。

5. 菲涅耳线圈

如何纠正由有限尺寸光束导致的不可避免的不均匀性？这里，我们考虑对称轴上的轨迹与穿过螺线管的距离为 r 的平行轨迹之间的场积分差。以领先的顺序给出：

$$\Delta \int B \mathrm{d}z \cong \frac{r^2}{8} \int \frac{1}{B(z)} \left[\frac{\partial B(z)}{\partial z} \right]^2 \mathrm{d}z$$

可以看出，如果轨迹在环路内通过，则放置在强磁场区域中的电流环路将磁场积分改变 $4\pi I$，而如果在轨道外通过，则磁场积分变化为零。为了纠正上述计算的 r^2 依赖性，我们只需要在光束中放置正确布置的电流环路即可。所谓的菲涅耳线圈 (图 2.8.4) 就是这样做的 [1]。

它们通常是通过印刷电路技术制成的，制备两个螺旋，其半径随 $r \propto \sqrt{\varphi}$ 而变化，并背靠背放置在尽可能薄 (30 μm 聚酰亚胺) 的绝缘体上，以最大程度地减少中子吸收。

图 2.8.4 菲涅耳线圈

6. 分辨率

为什么场不均匀是不好的？实际上我们关心的只是场积分。如果我们想要有限的计数率，就必须使用有限的光束尺寸。在有限的束尺寸下，我们有不同的中子轨迹到达样品和探测器。如果不同轨迹的场积分不相等，那么不同轨迹和检测到的最终进

动角 $\varphi_{\text{tot}} = \dfrac{\gamma B_1 l_1}{v_1} - \dfrac{\gamma B_2 l_2}{v_2}$ 将不同，检测到的偏振也将减小到 $\langle \cos \varphi \rangle$，即使对于弹性散射体也如此。由于能量交换，在样品上测量的回波将进一步减少。使用弹性散射体，我们可以测量不均匀性的影响并将其去除 (图 2.8.5)。(换句话说，在能量空间中，仪器响应必须从测量曲线解卷积以获得样本响应，而在傅里叶变换空间中，解卷积变成简单的除法 (图 2.8.6)。)

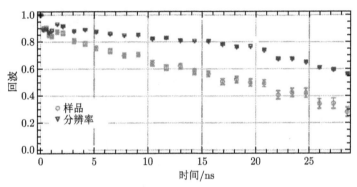

图 2.8.5　弹性散射体的回波响应 (分辨率) 和样品

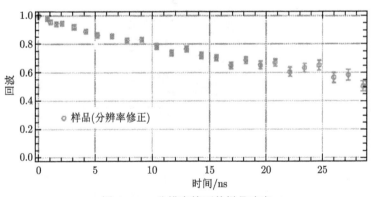

图 2.8.6　分辨率校正的样品响应

然而，如果不同轨迹的场积分太大，则 $\langle \cos \varphi \rangle$ 很快变为零，而无论我们如何精确地测量，除以零通常是有问题的！

为了说明这一点，我们来看一些实际的数字：

在 IN11 上，最大场积分为 3×10^5 Gs·cm。波长为 8 Å 时，傅里叶时间为 28 ns。时间常数为 28 ns 的指数下降在能量空间中对应于 23 neV 的洛伦兹线宽度。对入射的中子能量 (8 Å) 来说，相对能量交换大约在 10^{-5} 量级。两个轨迹之间的 360° 相位差对应于 17 Gs·cm 的场积分差。这意味着对于所有轨迹，相对精度都要优于 6×10^{-5}！

那么可达到的分辨率的理论极限是多少？没有简单的答案。原则上，使用足够精确的光束内校正线圈 (如菲涅耳透镜，但包括高阶项校正)，任何分辨率都可以达到。当然，在实践中，我们可以取得比 10^{-4} 更好的整体校正。

如果改变准直条件，中子将探索不同的轨迹，从而获得不同的场不均匀性，并且光谱仪的分辨率也会改变。当将分辨率提高到极限时，产生伪像的重要参数的数量会迅速增加，必须特别注意避免它们。

2.8.5 测量顺序

现在，我们将详细说明如何真正完成实验。一旦明确了实验目的，就必须决定使用哪种波长。长波长可提供更好的分辨率，但通量较低。

然后，必须确定在哪个进动场 (傅里叶时间) 测量回波点。根据所研究的问题，在对数刻度上取等距点就足够了。

π 翻转器两侧的场积分必须达到 10^{-5} 的精度。这将通过在第一进动线圈 (对称线圈) 上使用附加绕组来完成。扫描线圈中的电流将通过精确的对称点，从而产生如图 2.8.7 所示的典型回波组。

衰减振荡的周期由平均波长决定，包络是波长分布的傅里叶变换。这些仅取决于单色仪 (速度选择器)，因此不会在样品上携带信息。(一个显著的例外是，当样品结晶并重新对光束进行单色化时，回波包络线会延伸得更多。)

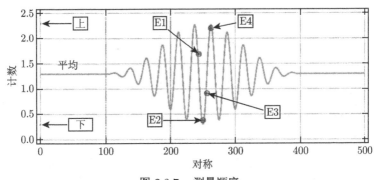

图 2.8.7　测量顺序

　　通过回波，我们可以测量恢复了多少初始极化 (偏振)。对于理想仪器上的弹性散射体，我们可以将其完全恢复。在散射过程中，初始光束偏振会发生变化。其中一个原因可能是样品中的氢具有高自旋非相干截面。自旋非相干散射将初始极化从 P 变为 $-\frac{1}{3}P$。因此，散射强度由相干散射和不相干散射的总和组成，从而降低了上/下比率。它们的相对权重会改变，且随着散射角 (或波矢量 q) 的函数而变化。因此，在给定散射角和样品的条件下，因此，测量从给定散射角和样本条件下的自旋向上和自旋向下的顺序开始。这是通过设置一个引导场来保持光束偏振和计数 π 翻转器打开及 π 翻转器关闭来实现的。在图 2.8.7 中我们标记为 "上" 和 "下" 的两个点。由于总是测量整个回波组效率低，所以我们只关注最大回波，最多等于 (上 − 下)/ 2。在弹性散射体上，我们可以快速找到回波组的中心位置，在对称线圈中它是电流的函数。我们也知道正弦回波组的周期性，以 $\pi/2$ 步长测量围绕中心放置的四个点更为有效。我们得到

$$E_1 = \mathrm{Aver} + \mathrm{Echo} * \sin\phi$$

$$E_2 = \text{Aver} - \text{Echo} * \cos\phi$$

$$E_3 = \text{Aver} - \text{Echo} * \sin\phi$$

$$E_4 = \text{Aver} + \text{Echo} * \cos\phi$$

根据四个测量值，可以确定 Aver、Echo 和 ϕ(相位)，最后

$$I(qt)/I(q,0) = 2 * \text{Echo}\,(\text{Up} - \text{Down})$$

如果我们保证相位为零，则足以测量 E_2 和 E_4。但是，通常为了监视任何可能的相位漂移 (由于电流不稳定，外部扰动 ····· 或线圈的意外位移 ·····)，通常会测量所有四个点，但会赋予 E_2 和 E_4 更多的权重。

2.8.6 信号与背景

还没有通用的方案可以测量二者并做适当的修正！尽管如此，我们还是要讨论几个典型的例子。为了简单起见，我们采用一个理想的仪器 (所有的翻转器、起偏器、分析器都有 100% 的效率，完美的场积分)。

相干 (自旋) 非相干散射：

如前所述，非相干散射将光束偏振变为 $-1/3$。我们考虑散射强度为 $I = I_{\text{coh}} + I_{\text{incoh}}$ 组成的情况。然后我们将有

$$\text{Up} = I_{\text{coh}} + \frac{1}{3}I_{\text{incoh}}$$

$$\text{Down} = \frac{2}{3}I_{\text{incoh}}$$

$$\text{Echo} = I_{\text{coh}} * f_{\text{coh}}(t) - \frac{1}{3}I_{\text{incoh}} * f_{\text{incoh}}(t)$$

其中，$f_{\text{coh}}(t)$、$f_{\text{incoh}}(t)$ 表示每项贡献的时间依赖性 (动力学)，并且在 $t = 0$ 时都等于 1。

我们通常的数据处理将给出

$$I(q,t)/I(q,0) = [I_{\text{coh}} * f_{\text{coh}}(t) - \frac{1}{3}I_{\text{incoh}} * f_{\text{incoh}}(t)]/[I_{\text{coh}} - \frac{1}{3}I_{\text{incoh}}]$$

这意味着我们可以通过 Up 和 Down 确定每个贡献的相对权重，但是无法提取单独的时间依赖性 (除非存在合适的模型，即使那样，也很难达到必要的统计精度)。幸运的是，在许多情况下，可以通过使用氘代样品来最小化不相干的影响。(请注意，非相干回声信号会进一步减小 1/3)。在其他情况下，可以假设 $f_{\text{coh}}(t)$ 和 $f_{\text{incoh}}(t)$ 的动力学相同或几乎相同，然后

$$I(q,t)/I(q,0) = [I_{\text{coh}} * f_{\text{coh}}(t) - \frac{1}{3}I_{\text{incoh}} * f_{\text{incoh}}(t)]/[I_{\text{coh}} - \frac{1}{3}I_{\text{incoh}}]$$

$$= f(t)$$

样品架、溶剂等也会产生一些散射，某些情况下可以简化处理。例如，在聚合物溶液中，氘化溶剂的散射会产生相干散射，但它的弹性太小，无法被 NSE 看到，这意味着其弛豫时间超出了时间窗口。在这种情况下，它将影响上、下 (Up-Down)，但不会产生回声。测量溶剂的 Up 和 Down 就足够了。同样，样品架通常只会产生一些弹性散射。

重申一下，Up、Down 和一些回声点的时间足以确定其贡献。

2.8.7 NSE 与标准无弹性仪器

NSE 不仅具有很高的能量分辨率，而且具有非常宽的动态范围。通过一些技巧 (双回波)，它可以高达 $t_{\max}/t_{\min} = 1000^{[2]}$。通过几种波长的组合，可以将其进一步扩展 10~100 倍。我们可以测量高达 100 μeV 的能量交换，它不仅与反向散射重叠，而且与飞行时间 (如 IN5 或 IN6) 重叠。什么时候选择哪种设备呢？

根本区别在于 NSE 在傅里叶时间中测量，而 TOF 在 ω 空间中测量。考虑一个样本，它有一条强 (强度的 95%) 弹性

线，并且在有限能量下有明确但弱 (5%) 的激发。虽然这在 w 空间中被很好地分离 (图 2.8.8)，但在 NSE 上，傅里叶变换将在 0.95 附近给出小 (5%) 余弦振荡。从统计上看，这是非常不利的 (图 2.8.9)。此外，NSE 的粗糙波长分布 (约 15% FWHM) 会模糊振荡 ($t \sim \lambda_3$)。对于这种类型的实验，飞行时间 TOF 更适合。

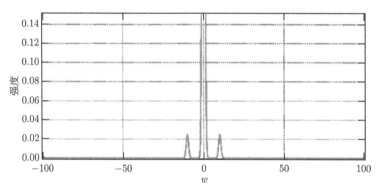

图 2.8.8 在飞行时间光谱仪上测得的 w 空间中的光谱

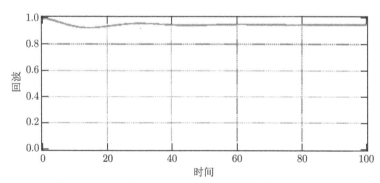

图 2.8.9 在时域中用 NSE 测得的频谱与图 2.8.8 相同

另一方面，当所有 (或大部分) 强度是准弹性的时，NSE 可以给出关于时间依赖性的更精确信息。主要原因是仪器分辨率的反卷积被一个简单的除法运算所代替，该除法运算使数据受数值处理的影响很小。以下是在嵌入铝基质中的磁性纳米颗粒上弛豫时间测量的示例 (图 2.8.10)。结合使用 IN11 和 IN15(针对长波长, 长傅里叶时间进行了优化的 NSE 仪器)，可以覆盖四十多年的时间。

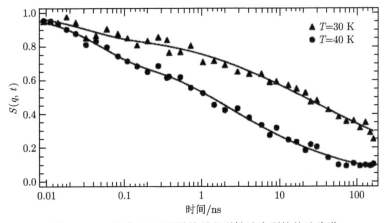

图 2.8.10　通过 NSE 测量的稀释磁性纳米颗粒的弛豫谱

　　NSE 不是非常适合研究完全不相干的散射体。首先，早已知道，不相干的散射通常会产生较弱的强度；其次，1/3 偏振因子会降低统计精度。如今，在多探测器自旋回波仪器上，比如柏林的 IN11C 和 SPAN 等，这些缺点已经有所改善 (见下文)。

　　最后是一个有趣的观察。如果偶然地非相干贡献比相干贡献高大约三倍，那么我们最终得到没有偏振的散射光束，并且如果两者的动力学相同，因为回波信号始终为零，在 NSE 上该实验是不可行的。

2.8.8　变形

　　关于非弹性 NSE 的叙述如下。

　　有人可能会问，是否可以在明确定义的激发情况下使用该方法? 答案是肯定的, 但需要做一些修改。通过选择 $B_1 l_1 \neq B_2 l_2$, 在激发能量 ω_0[1] 附近做同样的傅里叶反变换:

$$\omega_0 = \frac{m}{2h} v_1^2 \left[1 - \left(\frac{B_1 l_1}{B_2 l_2} \right)^{\frac{3}{2}} \right]$$

$$\frac{\displaystyle \int \cos \left[\frac{\hbar \gamma B_1 l_1}{m v_1^3} (\omega - \omega_0) \right] S(q, \omega) \mathrm{d}\omega}{\displaystyle \int S(q, (\omega - \omega_0)) \mathrm{d}\omega} = S(q, t)$$

v_1 是入射中子的速度, v_2 是散射后的速度。

这里的问题是, 在 $\omega = 0$ 附近, $S(q, \omega)$ 通常具有很强的峰值 (准弹性散射, 弥散弹性散射和/或非相干散射或仅是仪器背景)。

解决方案是使用三轴光谱仪几何结构作为过滤器, 与 NSE 相比, 在 ω_0 周围以较粗的分辨率预先切割一个间隔。当 ω 与 q 相关时 (如声子分支), 还有进一步的要求。我们必须使旋转进动与输入和输出方向有关。有兴趣的读者可以在参考文献 [1] 中查找详细信息。在这里, 我们只给出一张易于理解的图片。准弹性 NSE 测量从 ω 到时空的傅里叶变换, 这是一维空间中的傅里叶变换。现在我们切换到 (至少) 二维 q-ω 空间。

如果 ω 与 q 不相关 (至少在我们正在测量的附近, 例如靠近布里渊区边界) 且具有非对称场积分, 则围绕有限的 ω_0 进行傅里叶变换并获得线宽。现在, 如果我们做同样的事情, 例如在声学分支上, 将沿着垂直线进行傅里叶变换。为了测量实际的物理线宽, 我们需要沿着垂直于色散关系的线进行傅里叶变换 (图 2.8.11)。如果自旋进动依赖于中子方向, 则回波的重新聚焦将起作用。

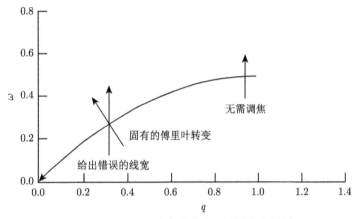

图 2.8.11   NSE 在色散曲线上测量线宽的原理

2.8.9   磁散射

NSE 在磁散射中的应用具有特殊性。一是铁磁样品很难被研究。因为磁畴的随机取向会在随机轴周围引入拉莫尔进动，未知进动角通常会导致光束去极化和回波信号的损失。在某些情况下，应用强外部场使所有畴对准同一方向，可以帮助极化的一个分量保留下来 [1]。

第二种情况是顺磁散射。如果散射矢量 (q) 在 y 方向，那么在样品中，只有在 xz 平面 (垂直于 q) 的自旋分量对磁散射有贡献。在通常的 NSE 几何结构中，中子的进动平面是 xy，自旋平行于 q 的中子到达时将经历自旋翻转散射，而自旋垂直于 q 的中子到达时将有 50% 的自旋翻转概率和 50% 的非自旋翻转散射概率。因此，散射光束偏振可以分解为

$$\frac{1}{2}\begin{pmatrix} -P_x \\ -P_y \\ 0 \end{pmatrix} + \frac{1}{2}\begin{pmatrix} P_x \\ -P_y \\ 0 \end{pmatrix}$$

我们可以认识到，第二项相当于一个围绕 y 轴的 π 翻转束。

因此，在没有 π 翻转器的情况下，第二项将产生幅度为 50% 的磁散射回波，而使用 π 翻转器，第一项将产生幅度为 50% 的负回波以及最终核散射的全回波。这意味着没有 π 翻转器，只有磁散射产生回波信号，这消除了分离核贡献所需的耗时的背景测量。

反铁磁样品不会使光束消偏振，因此在大多数情况下，它们与顺磁样品相同。但是，如果我们测量一个单晶晶体，它可能恰好是一个单畴，并且根据自旋方向，可能会在没有 π 翻转器的情况下拥有完整的回波，或者可能需要 π 翻转器才能看到任何回声。

1. 共振或零场中子自旋回波 (ZFNSE)

这种方法是由 Gähler 和 Golub [3] 提出的。我们将简要说明如何理解基本原理。该方法在非弹性 NSE 的情况下具有明显的优势。准弹性 NSE 是否具有更好的性能，我们将在 ZENSE 积累足够的经验时看到。

沿着传统 NSE 轴的磁场轮廓示意性如下：在第一个 π/2 翻转器处的水平磁场几乎为零，在第一个螺线管中有强 (B_0) 场，在 π 翻转器处几乎为零，在第二进动区域再次出现强磁场，最后在第二 π/2 翻转器处再次接近零。在 B_0 中，中子进动的拉莫尔频率为 $\omega_0 = \gamma B_0$。现在我们选择一个以 ω_0 旋转的旋转参考系。在这种情况下，中子似乎不会在螺线管中进动，这意味着在它看来 $B_0' = 0$。但是，现在在原始的低磁场区域中它将以 ω_0 旋转，这表明存在强 B_0 磁场。我们的静态翻转器的小场似乎也会随着 ω_0 旋转。

现在我们要在实验室参考系中实现此配置。在 π 和 π/2 翻转器内部，我们必须有一个很强的静态场 B_0 且垂直于一个以 $\omega_0 = \gamma B_0$ 旋转的小场。我们需要一个垂直于中子束且局部垂直于中子束和强场的局部强磁场。这个小线圈必须由射频发生器驱动，射频发生器将产生必要的 (共振) 旋转场。在这些翻转器之间，必须严格保持零磁场区域，以避免"虚假"自旋进动。首批原型光谱仪均使用镍铁高导磁率合金屏蔽接地场补偿。

2. 多探测器变形

在撰写本书时,已开发出四种仪器来扩展 "经典" NSE 用作多探测器,从而减少数据采集时间。在所有情况下,存在的问题是,只有在所有探测器都同时满足回波条件的情况下,才能在所有探测器中收集有用的信息。这不是一个简单的练习,因为场积分精度必须等于 10^{-5} ! 如果我们在每个检测器中都有足够的信息来逐一进行相位校正,则可以稍微放松这种严格条件。如果散射较弱,这并不总是可能的。在那种情况下,在弹性散射体上,可以在数据处理期间测量并施加检测器之间的相对相位差。

这种多探测器的最直接实现是在 ILL 的 IN15 仪器上,以及后来 KFA 朱力奇建造的仪器。在这里,只是简单地增加了螺线管直径,便于使用小型 32 cm×32 cm 的多功能探测器。困难是要制造出足够大的菲涅耳耳线圈,并具有必要的精度,又不吸收大部分的中子束。在 IN11 上已经构造了一个选件,可以用形状特殊的扇形磁体代替次级螺线管 (图 2.8.12). 预期的场均匀性本质

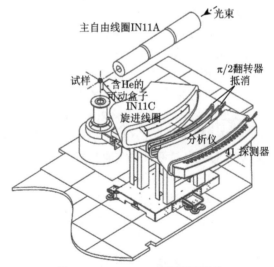

图 2.8.12　IN11C 多探测器选件

上较低，但是在许多情况下，在高 q 区域中，无论如何都不需要最佳的分辨率。然而，总计数率中的增益因子要高 23 倍，该增益足以测量非常不利的非相干散射体。

在柏林，采用了一种全新的方法。如果采用像亥姆霍兹一样的线圈，但两边产生彼此相反的磁场，则在赤道平面内，可保证该磁场是旋转对称的。中子束沿半径进入，探测器放置在周围。这里的实际问题是在样品位置的零场点会使光束消偏振。解决方案是借助一些其他线圈将零点移动到样品上方。

2.8.10　有用的数字

表 2.8.1 列出了 ILL 自旋回波仪的一些数字。

表 2.8.1　覆盖的傅里叶时间 (单位: ns)

	@ 4Å		@ 6Å		@ 8Å		@ 10Å		@ 15Å		@ 20Å	
	t_{min}	t_{max}	t_{min}	t_{max}	t_{min}	t_{max}	t_{min}	t_{max}	t_{min}	t_{max}	t_{min}	t_{max}
IN11	0.01	3.3	0.04	11.1	0.09	26.4	0.18	51.7				
In11C	0.01	0.5	0.04	1.83	0.09	3.1	0.18	4.2				
IN15					0.12	26.3	0.34	51.5	0.8	174	1.4	300

如果使用双回波 [2] 配置，则最短时间可以缩短到 $\frac{1}{5} \sim \frac{1}{3}$ 倍。当检测器放置于高散射角时，可达到的最大傅里叶时间可以缩短两倍。

参 考 文 献

[1] Mezei, F., Pappas, C. & Gutberlet, T. Neutron spin echo spectroscopy: Basics, trends and applications. Vol. 601 (Springer Science & Business Media, 2002).

[2] Farago, B. B. Farago Annual Report ILL. Report No. 0921-4526, 103 (1988).

[3] Gähler, R. & Golub, R. A high resolution neutron spectrometer for quasielastic scattering on the basis of spin-echo and magnetic

resonance. Zeitschrift für Physik B Condensed Matter 65, 269-273 (1987).

2.9　反应堆中子衍射

A.W. Hewat, G.J. McIntyre

2.9.1　简介

无论是在反应堆上还是在散裂源上，中子衍射仪的效率基本上取决于样品上的时间平均通量和探测器的立体角。人们越来越多地使用大型的新型探测器和聚焦中子光学器件，目的是利用通过连续中子源获得样品上的高通量。这里，我们考虑了针对不同类型实验的单晶和粉末/液体衍射仪的设计，尤其是那些使用白光束和大面积探测器的衍射仪。我们给出了从观察到的强度中提取结构振幅所需的基本公式。

2.9.2　现代基于反应堆的衍射仪的设计

Shelter Island Workshop[1] 提出，无论是在反应堆上还是在脉冲中子源上，中子衍射仪的强度仅取决于样品上的时间平均通量、样品量和探测器的立体角：

$$I \sim \text{flux} * \text{sample} * \text{detector}$$

1. 样品上的时间平均通量

在反应器上，样品上的时间平均通量可以通过使用宽带波长而大大增加，而不会降低特定角度 (聚焦角度) 的仪器分辨率，其中衍射布拉格角等于单色器布拉格角 (图 2.9.1)。举个例子，即使在高分辨率粉末衍射仪上，比如 ILL 的 D2B[2]，对于 0.1% 的 $\Delta d/d$ 分辨率，波长 $\Delta\lambda/\lambda$ 的相对展宽可以是 1% 或更大 (图 2.9.2)。

使用宽带波长的一个极端例子是 "准劳厄" 衍射仪，如伊利诺伊大学的 LADI[3] 和 VIVALDI[4]。一个非常大的位置敏感探

测器 (PSD)，这是一组中子敏感成像板，收集落在样品上的几乎"白色"的中子束，将不同的波长分类整理，实现方法不是通过飞行时间 (t) 或单色仪/分析器晶体，而是通过单晶样品本身的衍射条件 (图 2.9.3)。

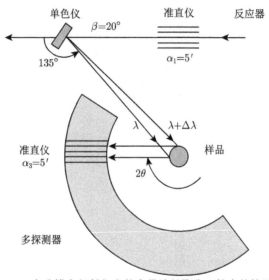

图 2.9.1 D2B 高分辨率衍射仪上的宽带波长聚焦。较大的检测器会收集多晶样品的许多同时反射

反应堆衍射仪的主要优点是具有宽带波长的连续中子强度以及在样品上产生的高时间平均通量。在 TOF 衍射仪上，样品上的通量在时间上也相当恒定，因为尖锐的初始脉冲在样品上散布开来，使得最慢的中子刚好在下一个脉冲的最快中子之前到达。但是时间平均通量可能低一个数量级；为了获得 0.1% 的 $\Delta d/d$ 分辨率，需要相对较长的飞行轨迹和 0.1% 的 $\Delta\lambda/\lambda$。幸运的是，对于高散射角 (后向散射)，TOF 探测器的立体角可以很大，同时仍然有高分辨率，因为 $\Delta d/d \sim \Delta\theta \cdot \cot\theta$ 和 $\cot\theta$ 对于大 θ 来说很小。假设样品体积相似，这可以补偿飞行时间衍射仪

样品上固有的较低通量。

2. 样品体积和分辨率

样品体积限制了使用 PSD 可获得的分辨率，因此必须在衍射仪的设计中加以考虑。例如，ILL 的 D20 仪器在距样品 1470 mm 的距离处使用了具有 0.1° 角分辨率的大 PSD。最佳的 0.1° 分辨率将需要直径小于 2.57 mm 的样品! 通常在 D20 上测量较大的样本，但分辨率低于最佳分辨率。当然，可以通过进一步增加样本与探测器的距离来获得更高的分辨率，但是随后需要一个非常高的探测器来保持立体角不变。

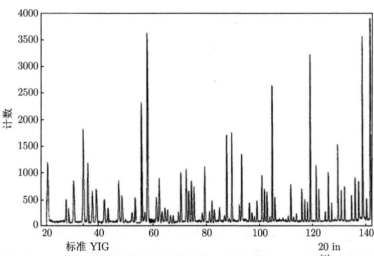

图 2.9.2   D2B 高分辨率粉末衍射仪的第一个衍射图 (1984 年)[2]。峰值强度在整个 d 间隔范围内相当恒定，与 X 射线不同，散射随角度减小而降低，或者与飞行时间技术不同，对于较短的 d 间隔或波长，强度下降了

另外，可以使用像 D2B 一样细的 5′ 的 Soller 准直器获得高分辨率，然后可以使用更大的样品，样品体积和中子强度随直径的平方增加。Soller 准直器还限制了探测器的立体角，因为即使

使用 128×5′ 的准直器，也只能覆盖 158.5° 散射角的 6.7%，但可以使用直径最大为 16 mm 的样品，与较高的线性度的线一起使用可增加立体角。

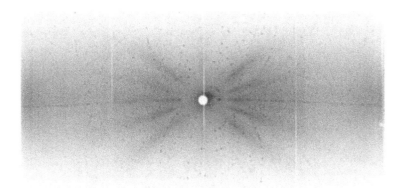

图 2.9.3 准 Laue 衍射仪 VIVALDI 上波长 "白色" 波段的色散。较大的 PSD 会收集来自单晶样本的许多同时反射，其中每个反射对应于不同的波长

在可以构造非常大的高分辨率 PSD 之前，D2B 型仪器更适合于高分辨率需求，而 D20 仪器更适合于高强度需求。当然，实际应用中会有一定程度的重叠，具体取决于实际可用的样品量和具体问题。

在远离聚焦角的角度，分辨率较差，但是通过选择较大的聚焦角，可以使仪器的分辨率与布拉格峰之间的间隔相匹配 (图 2.9.4)。在非常低或非常高的角度处几乎没有峰，如果需要，可以将中子波长增加到 ~6 Å，把具有大 d 间距的反射移到更高的角度，以获得更好的分辨率。对于后向散射 TOF 衍射仪的情况，有所不同。在该情况下，所有 d 间距的分辨率都相同。但是 ISIS 的 GEM 等现代 TOF 仪器也使用低角度检测器来提高效率，并以各种分辨率收集数据。

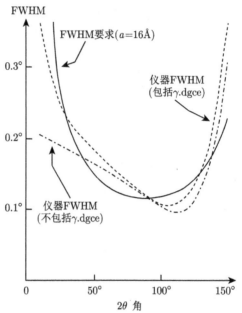

图 2.9.4　峰的分辨率或半峰全宽 (FWHM) 在聚焦角 (140°) 处达到最佳，聚焦角应很高，以匹配解析相邻峰所需的 FWHM，例如 16Å 立方像元

3. 探测器立体角

当只有少量样品 (例如在压力容器中)，或者当介质分辨率足够时，反应堆上的 PSD 可以与脉冲中子源上的 PSD 一样大或更大。图 2.9.5 显示了在 ILL 为 D19 构建的新 2D PSD。该探测器垂直覆盖 30°，水平覆盖 120°，立体角为 $4\pi \sin 15° \times 120/360 = 1.1$ 球面弧度，是电子探测器的记录。

D19 探测器可用于单晶和纤维的测量，也适用于快速粉末或液体衍射，其角分辨率为 $11'$(760 mm 处的元素宽度为 2.5 mm)。使用 160° 探测器，可以构造适用于覆盖超大角度范围的快速采集衍射仪 (DRACULA)，能够与未来 SNS 脉冲源上最快的衍射仪竞争 (表 2.9.1)。

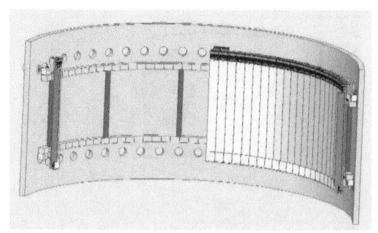

图 2.9.5 ILL 格勒诺布尔 D19 的新 $30° \times 120°$2D 多线 PSD。这种大探测器与最佳脉冲中子源衍射仪的立体角相匹配，同时还得益于反应堆源样品上可获得的非常高的时间平均中子通量

表 2.9.1 ILL 反应堆和 US 散裂源上可能的高强度粉末衍射仪的比较，表明样品处的高时间平均通量以及 D19 型 PSD 检测器应使反应堆机器 DRACULA 与最佳脉冲源竞争

	Ill-D20	Ill-DRACULA	US-SNS
样品平均通量时间	5×10^7	$\sim 10^8$	$\sim 2.5 \times 10^7$
样品体积	1	1	1
立体角探测器	0.27sr	1.45sr	3.0sr

当可以使用连续的中子白束时，反应堆源看起来更具吸引力，例如成像板探测器上的准 Laue 技术，再例如 ILL 的 LADI 和 VIVALDI 探测器 (图 2.9.6)。这样一来，样品上的时间平均通量就远远大于用单色或脉冲中子技术获得的通量。同样，成像板探测器覆盖了较大的立体角 (7.9 球面弧度)。成像板可以在样品周围的圆柱体上弯曲，同时仍可以电子方式读取。目前这些衍射仪是非常新式的，并且可以通过使用超镜光学器件来增加样品上的通量来进一步改进。

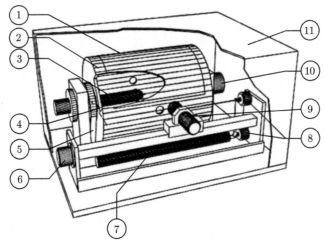

图 2.9.6　第一台中子成像板衍射仪 LADI，在 EMBL-伊利诺伊格勒诺布尔研制，成像板 (1) 旋转鼓 (2) 上，旋转鼓围绕着支撑杆 (3) 上的晶体。中子束通过鼓中间的小孔进入和离开，剩余的部件允许激光和光电倍增管 (7~9) 扫描成像板的表面以读取衍射图案

2.9.3　衍射仪中的分辨率函数

衍射仪的 3D 分辨率函数取决于许多因素，主要是入射光束或入射引导散度，单色仪镶嵌图、样本大小和镶嵌图以及散射几何形状等因素，用微分法作椭球可以方便地测量或计算增量，或者说，计算椭圆观测变量 γ、ω 和 ν 中微分增量 $\Delta\gamma$、$\Delta\omega$ 和 $\Delta\nu$ 的项。(在大多数情况下) 遵循 Busing 和 Levys 的定义 [5]，我们通过欧拉角 ω、χ 和 ϕ 描述晶体取向。考虑到平面外反射，我们分别通过 y 和 v，在 Ewald 球体表面上的平面内角度和平面外角度来描述特定衍射射线的方向。入射光束和衍射光束之间的夹角仍为 2θ，因此，

$$\cos 2\theta = \cos\gamma\cos\nu \tag{2.9.1}$$

在单晶衍射中，ω 的分辨率通常比 γ 中的分辨率好得多，而 γ 的分辨率又比 ν 中的分辨率好得多。

3D 分辨率函数的完整推导很简单,但很漫长。自从 Nathans 和 Cooper[6,7] 发表具有里程碑意义的论文以来,对于各种仪器几何结构都有许多推论。这些函数通常通过高斯方法推导,这有助于进行大量的卷积,特别是在具有大量准直器的三轴几何中,但是却掩盖了各个参数的影响。对于衍射,Schoenborn[8] 明确推导了各种仪器参数对衍射的贡献在多维函数中的方向。不同的贡献通常沿着不同的方向起作用,对该方面的了解可以指示如何优化特定的测量。

可以通过均匀仿射变换将 $\Delta\gamma$、$\Delta\omega$ 和 $\Delta\nu$ 转换为感兴趣范围内一次反射的倒易空间坐标;对于粉末衍射,$\Delta\gamma(\Delta 2\theta)$ 与 $\Delta d*$ 有关。进入更短的波长 (λ) 会降低与 $\Delta\gamma$ 和 $\Delta\nu$ 相对应的反向分辨率。随着 PSD 在 3D 空间对单晶反射的解析能力不断增加,这意味着我们可以容忍较短的波长来提供更好的实际空间分辨率 ($d_{\min}$ 或 $Q_{\max}$)。尽管如此,主要原则是使用尽可能长的波长,以从单色仪和样品的反射率乘积的 $\lambda^{[4]}$ 依赖性中获利。图 2.9.7 显示了用于化学和物理的 ILL 单晶衍射仪的某些分辨率特性。

1. "常规"晶体学

该实验的目的是测量多种反射的积分强度,即使是不相称的和磁性结构。我们通常对倒易空间所有方向上的分辨率几乎都感兴趣,因此衍射仪的选择取决于 $\Delta 2\theta$、$\Delta\omega$ 和 $\Delta\nu$ 中哪个最大,通常是 $\Delta\nu$。一个必然的结果是,用于"常规"晶体学的仪器通常避免使用垂直聚焦的单色仪。

2. 相变和临界散射

此处的目的通常只是在改变温度、磁场或压力的同时重复扫描一些反射或有限的互易区域。显然,将时间平均通量集中到一个小的波长带中给单色单晶衍射仪带来了好处。单色衍射仪的适应性意味着我们通常可以将样品的方向接近感兴趣的倒数空间方向 $\Delta\omega$,当样品上的通量由垂直聚焦的单色仪增加时,我们甚

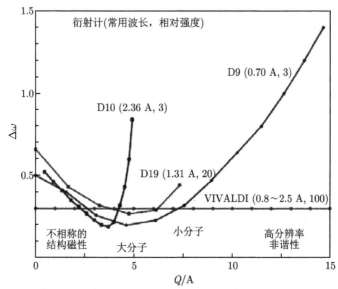

图 2.9.7   针对不同学科进行了优化的各种 ILL 单晶衍射仪：典型样品的
半高全宽 $(\Delta\omega)$ 与 $Q(=4\sin\theta/\lambda)$、单色仪的选择，以及近似的相对强度。
其他可选的单色仪可以提供更高的强度，但会降低分辨率

至可以接受较大的 $\Delta\nu$。$\Delta\gamma$、$\Delta\omega$ 和 $\Delta\nu$ 之间的仿射变换，和正
交倒易空间坐标的一个重要结果是，给定的倒易格子平面有一个
方向 (向上或向下)，可以在该平面上沿着给定的线提供最佳分
辨率 [9]。方向通常是沿着兴趣线的 q 步之间 $|\Delta\omega + \Delta\phi\cos\chi|$ 较
大的方向。

3. 劳厄衍射

反射的空间分辨率由晶体形状投影到成像板上，由入射光
束的发散、晶体的镶嵌扩散 (对于质量好的晶体可忽略不计) 和
点扩散函数决定。弯曲热导上的入射光束发散通常在半高处为
3.5λ mrad·Å 全宽，在 $\lambda = 1.5$ Å(热导上的最大通量的典型波长)
下给出~$0.25°$。根据晶格方向 Q_1 和 Q_2 之间的夹角，空间分辨

率变为

$$\angle Q_1 Q_2 = w/(2R) * \alpha * \eta * p \tag{2.9.2}$$

其中，w 是垂直于衍射光束的晶体截面，R 是样品到检测器的距离，α 是光束发散度，η 是镶嵌扩散，p 是点扩散函数。(因数 $1/2$ 是散射矢量之间的角度与相应的衍射光束之间的角度之间的关系 θ: 2θ 造成的。) 成像探测器的空间点扩展功能通常很小 ($\sim 150\ \mu m$)。因此，对于半径为 160 mm 且典型晶体尺寸为 2 mm 的探测器，光点直径在倒易空间中约为 $0.6°$。分辨率取决于晶体尺寸，对于球形样品，在整个劳厄衍射图上以及晶体的所有方向上都是恒定的。考虑到反射中心之间是光斑直径的两倍 (以便可靠地估计背景)，我们可以将原始立方晶胞的反射解析为 25 阶。在波长为 1.5 Å 的 $2\theta = 180°$ 处的 25 阶反射对应于 20 Å 的晶胞边缘。

2.9.4 来自积分强度的结构振幅

从观察到的积分强度到结构振幅 (F_{hkl}^2) 的减小与 X 射线衍射相同，不同的只是非偏振中子束不需要偏振因子。下面我们讨论三种衍射方法，反射的总积分强度与结构振幅相关 [10]，即:

(a) 单色光束中的粉末样品

$$I_{hkl} = mI_o(\lambda_o)\Delta\lambda_o VN^2|F_{hkl}|^2\lambda_o^3[1/(4\sin\theta)]A^*TEns^{-1} \tag{2.9.3}$$

(b) 在单色光束中的旋转单晶

$$I_{hkl} = I_o(\lambda_o)\Delta\lambda_o VN^2|F_{hkl}|^2\lambda_o^3(1/\varpi)LA^*TEns^{-1} \tag{2.9.4}$$

(c) 在多色光束中的固定单晶 (劳厄技术)

$$I_{hkl} = I_o(\lambda)VN^2|F_{hkl}|^2\lambda^4/(2\sin^2\theta)A^*TEns^{-1} \tag{2.9.5}$$

其中，m 是粉末反射的多重因子，λ 是波长，V 是样品体积，N 是每单位体积的晶胞数量，ϖ 是角扫描速度，L 是与反射时间

机会有关的洛伦兹因子，A^* 表示吸收校正，T 校正非弹性声子或热扩散散射，E 校正消光和多重衍射。为了获得 $|F_{hkl}|$，要尽可能准确、高效地测量 I_{hkl}，然后应用各种校正因子。对于大多数粉末实验，可以忽略吸收、热扩散散射、消光和多重散射的校正。

稳态 Laue 技术的主要缺点在于，它在所有波长上都进行积分，如果样品中包含的元素会产生明显的非相干散射，则背景会特别高。非相干散射的中子背景是

$$I_{\mathrm{inc}} = I_0(\lambda)\Sigma\sigma_{\mathrm{inc}}\Delta\lambda(V_{\mathrm{s}}/V_{\mathrm{c}})\frac{1}{4\pi}ns^{-1}sterad^{-1} \qquad (2.9.6)$$

其中，$\Delta\lambda$ 是波长带通，而 $\Sigma\sigma_{\mathrm{inc}}$ 是一个晶胞中原子的总不相干截面，主要是由氢引起的，氢通常占有机样品和无机水合物的 50%。这里，$I_0(\lambda)\Sigma\sigma_{\mathrm{inc}}$ 在带通上取平均值。I_{hkl} 和 I_{inc} 的不同单位强调了小波导散度的优势，用于减小劳厄衍射图的点对点信噪比。

1. 广义洛伦兹因子

I_{hkl} 的表达式主要在洛伦兹因子方面有所不同。由于样品不旋转，因此单色粉末衍射和单晶劳厄衍射的 Lorentz 校正相对简单。Buras 和 Gerward[10] 展示了当在赤道平面内旋转 ω 进行单色单晶测量时，三种技术的洛伦兹因子之间的关系。对于较大的 PSD，也可能在赤道平面之外观察到反射，因此 ω 旋转的洛伦兹因子变为

$$L = \frac{1}{\sin\gamma\cos\nu} \qquad (2.9.7)$$

对于某些晶体结构，特别是核或磁性结构不相称的晶体结构，可能最好在倒易空间中执行线性扫描，而不是单纯的旋转扫描。这里的线性是指探测器孔径通过倒易空间的轨迹；对于在这种扫描中观察到的特定反射，通过 Ewald 球体的相应反射点的

运动仍然沿角度轨迹。洛伦兹因数通常是 dz/ds 的波长无关部分的倒数，dz/ds 将扫描变量 s 与法线 z 关联到 Ewald 球体，对 s 的观察计数的积分得到

$$|F_{hkl}|2\alpha \int I_i(z)dz = \int I_i(s)(dz/ds)ds = \Sigma_i(dz/ds)\Delta s_i I_i(s_i)$$

$$(2.9.8)$$

由于非零 I_i 的 s 间隔通常很小，因此 dz/ds 通常以最大峰值进行评估，并放到积分之外。但是，对于线性扫描，不是评估 dz/ds 后对 s 进行积分，而是通过增量角位移 $\Delta\omega_i$、χ_i 和 $\Delta\phi_i$ 直接计算 $(ds/dz)\Delta s_i$ 更加方便，但这会影响步长 Δs_i。如果反射在设置 ω，χ 和 ϕ 处发生衍射 [11]，

$$\lambda(ds/dz)\Delta s_i = - [\Delta\omega_i \sin\gamma\cos\upsilon + \Delta\chi_i \sin\omega\sin\upsilon$$

$$+ \Delta\phi_i(\cos\chi\sin\gamma\cos\upsilon - \cos\omega\sin\chi\sin\upsilon)] \quad (2.9.9)$$

尽管此表达式通常不会将 $(ds/dz)\Delta s_i$ 分为增量扫描步长和洛伦兹因子，但是不管扫描模式如何，它都能对通过 Ewald 球的不同倒易晶格点的不同速度进行校正。因此，使在线性倒易空间扫描中观察到的反射的 $|F_{hkl}|2$ 与通过旋转扫描观察到的反射的 $|F_{hkl}|2$ 比例相同。

2. 吸收校正

当入射强度为 I_o 的单色中子束穿过厚度为 t 的均质板时，强度减小为

$$I = I_o \exp(-\mu t) \quad (2.9.10)$$

这里定义 μ 为总线性吸收系数。通过合理的近似可以得出快吸收系数 μ/ρ，其中 ρ 是吸收剂的密度，与吸收剂的物理状态无关，化合物的 μ/ρ 由各元素的 μ/ρ 加在一起得到。这给出了实际的工作表达式 [12]：

$$\mu = (n/V_c)\Sigma_i\sigma_i \quad (2.9.11)$$

其中，n 是晶胞中的分子数，V_c 是晶胞体积，σ_i 是原子 i 的原子吸收系数，定义为 $(\mu/\rho)i(A/N)$，其中 A 是原子量，N 是阿伏伽德罗常数，并且总和是对一个分子中的所有原子求和。

对于感兴趣波长范围内的中子，σ 来自两项之和：(i) 真正的吸收，这是由于核捕获过程引起的；(ii)由于相干和不相干的散射而产生的表观吸收。对于单晶，由于相干散射而引起的吸收通常被分别视为消光和多次衍射。对于大多数元素，核捕获吸收随 λ 的变化而变化，而非相干表观吸收与波长无关。一个值得注意的例外是氢，氢的 σ_{inc} 对波长的依赖性大致呈线性 [13]：

$$\sigma_{\text{inc}} = 19.2\,(5)\,\lambda + 20.6(9) \qquad (2.9.12)$$

通常是含氢材料对 μ 产生主要贡献。Sears[14] 列出了计算中子实验的 $\sigma(= \sigma_{\text{abs}}\lambda/(1.798 + \sigma_{\text{inc}}))$ 所需的真实吸收 (σ_{abs}) 和非相干吸收 (σ_{inc}) 横截面的值 (在本手册的第一篇文章中进行了复制和更新)。对于接近核共振的测量，要谨慎地通过实验确定吸收系数。

对于来自完全浸在光束中的晶体的衍射，等式 (2.9.10) 适用于每个无限小体积元，其中 t 是该体积元素在晶体中入射光束和衍射光束的总路径长度。然后通过对所有体积元积分获得整个晶体的吸收

$$I = I_0(1/V) \int V \exp\left(-\mu t\right) \mathrm{d}V = I_0 A \qquad (2.9.13)$$

得到透射系数 A，它是吸收校正 A^* 的倒数。对于形状非常规则的晶体，例如球体和圆柱体 [12]，分析积分是可行的。对于刻面晶体，数值积分是常用的技术 [15]。这些等式和方法也适用于劳厄技术，每次反射的波长不同，也适用于压实得很好的粉末样品。

在晶体外部，沿着入射光束和衍射光束路径，吸收将进一步增加，每种物质 (空气、样品毛细管壁、低温恒温器壁等) 的吸收均由等式 (2.9.10) 给出。如果通过这些路径的路径长度随晶体方向或检测器位置发生显著变化，则可能还需要对该吸收进行校正。

3. 消光

像 X 射线晶体学一样对消光进行校正，通常遵循 Becker-Coopens 公式[16]，他们总结出了用平均权重路径长度表示的晶体形态：

$$T = (1/VA) \int Vt \exp(-\mu t)\, \mathrm{d}V \qquad (2.9.14)$$

对吸收和消光进行校正后，建议对大范围的方位角 (围绕散射矢量的旋转) 上的一两次反射进行强度综合测量。在对吸收和消光进行校正之后，对于每次反射观察到的 $|F_{hkl}|2$ 应该与方位角无关。

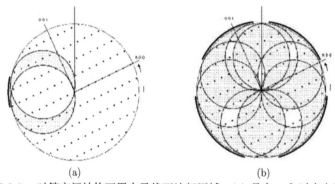

$$(a) \qquad\qquad (b)$$

图 2.9.8 对等空间结构可用来寻找可访问区域：(a) 具有 25° 弧度盲区的垂直低温磁铁；(b) 只限于赤道平面 15°、32°、30° 和 32° 范围的 ILL 水平低温磁铁。加粗的外弧线表示低温磁体的盲角，开放区域表示倒易空间的可访问区域，阴影区域表示不可访问区域，黑点表示可能的倒易晶格平面

2.9.5　极端样品环境中倒易空间的可访问区域

当每个可访问窗口限制在入射光束中时，通过绘制 Ewald 球面，可以找到在样品环境中访问受限的单晶倒易空间的可访问区域。对于常用于 ILL 衍射实验的垂直和水平低温磁铁，可访

问区域如图 2.9.8 所示。对于访问及其受限的样品环境，通常可以改变波长，以使感兴趣的反射进入可访问区域。

参 考 文 献

[1] Jorgensen, J. D., Cox, D. E., Hewat, A. W. & Yelon, W. B. Nuc.Inst. Meth. B 12, 525-561 (1985).

[2] Hewat, A. W. Mat.Sci.Forum 9, 69-79 (1986).

[3] Cipriani, F., Castagna, J.-C., Wilkinson, C., Oleinek, P. & Lehmann, M. Cold neutron protein crystallography using a large position-sensi tive detector based on image-plate technology. Journal of Neutron Research 4, 79-85 (1996).

[4] Wilkinson, C., Cowan, J., Myles, D., Cipriani, F. & McIntyre, G. VIVALDI—A thermal-neutron Laue diffractometer for physics, chemistry and materials science. Neutron News 13, 37-41 (2002).

[5] Busing, W. R. & Levy, H. A. Angle calculations for 3- and 4-circle X-ray and neutron diffractometers. Acta Crystallographica 22, 457-464(1967).

[6] Cooper, M. J. & Nathans, R. The resolution function in neutron diffractometry. III. Experimental determination and properties of the 'elastic two-crystal' resolution function. Acta Crystallographica Section A 24, 619-624(1968).

[7] Cooper, M. The resolution function in neutron diffractometry. IV. Application of the resolution function to the measurement of Bragg peaks. Acta Crystallographica Section A 24, 624-627(1968).

[8] Schoenborn, B. Peak-shape analysis for protein neutron crystallography with position-sensitive detectors. Acta Crystallographica Section A 39, 315-321(1983).

[9] McIntyre, G. J. & Renault, A. Twinned crystals and position-sensitive detectors: A fitting solution to single-crystal structural studies of high-Tc superconductors. Physica B: Condensed Matter 156-157, 880-883(1989).

[10] Buras, B. & Gerward, L. Relations between integrated intensities in crystal diffraction methods for X-rays and neutrons. Acta Crystallographica Section A 31, 372-374(1975).

[11] McIntyre, G. J. & Stansfield, R. F. D. A general Lorentz correction for single-crystal diffractometers. Acta Crystallographica Section A 44, 257-262(1988).

[12] Henry, N. F. & Lonsdale, K. International Tables for X-Ray Crystallography Volume I Symmetry Groups. 157-200 (Kynoch Press, 1969).

[13] Howard, J. A. K., Johnson, O., Schultz, A. J. & Stringer, A. M. Determination of the neutron absorption cross section for hydrogen as a function of wavelength with a pulsed neutron source. Journal of Applied Crystallography 20, 120-122(1987).

[14] Sears, V. F. Neutron scattering lengths and cross sections. Neutron News 3, 26-37(1992).

[15] Coppens, P., Leiserowitz, L. & Rabinovich, D. Calculation of absorption corrections for camera and diffractometer data. Acta Crystallographica 18, 1035-1038(1965).

[16] Becker, P. J. & Coppens, P. Extinction within the limit of validity of the Darwin transfer equations. I. General formalism for primary and secondary extinction and their applications to spherical crystals. Acta Crystallographica Section A 30, 129-147(1974).

第 3 章 技　　术

3.1　中子的产生

C. J. Carlile

3.1.1　中子的产生

1. 天然放射源

中子可以通过恒星中的聚变过程、大气中宇宙射线的散裂过程以及自发裂变过程产生。除此之外，没有天然的中子源。直到1932 年，查德威克 (Chadwick) 首次在 (α，n) 反应中分离并识别中子。在某些轻同位素中，原子核中的 "最后" 中子是弱结合的，当 α 粒子轰击后形成的复合原子核衰变时会释放出来。查德威克利用天然存在的 α-发射极钋-210，随着发射 5.3 MeV α 粒子，钋-210 逐渐衰变成铅-206。α 粒子轰击铍导致下列放热反应产生中子，该放热反应如图 3.1.1 所示。

$$He^4 + Be^9 \longrightarrow C^{12} + n + 5.7 \text{ MeV}$$

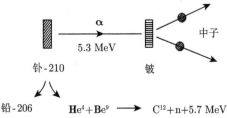

图 3.1.1　查德威克在 1932 年发现中子之后，进行了 α 粒子轰击铍的实验

该反应产生弱中子源, 其能谱类似于裂变源, 如今用于便携式中子源, 该便携式中子源通常用于设置中子探测器。在图 3.1.2 所示的典型设计中, 镭或锔通常是 α 发射极。

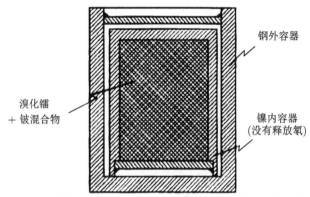

图 3.1.2　包含镭和铍的便携式实验室中子源的横截面。典型的放射源直径约为 1 cm

(γ, n) 源也有相同的用途。在这种类型的放射源中, 由于 γ 射线的范围更大, 因此可以将放射源的两个物理成分分开, 从而可以通过从铍中除去放射源来 "关闭" 反应 (如果需要)。图 3.1.3 中所示的源在随后的吸热反应中使用锑-124 作为 γ 发射体。

$$Sb^{124} \longrightarrow Te^{124} + \beta^- + \gamma$$
$$\gamma + Be^9 \longrightarrow Be^8 + n - 1.66 \text{ MeV}$$

2. 裂变

铀-235 在天然铀中存在的比例为 0.7%, 与热中子发生裂变, 平均产生 2.5 个快中子, 每次裂变释放约 180 MeV 的能量。在关键组件中, 裂变反应变得自持, 需要 1 个中子来触发进一步裂变, 0.5 个中子被其他材料吸收, 1 个中子能够离开堆芯表面并可供使用。反应如图 3.1.4 所示。

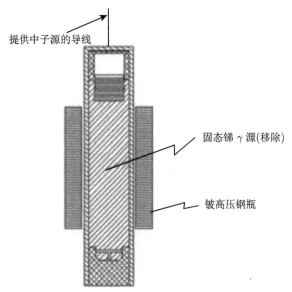

图 3.1.3　使用 γ 发射器的便携式中子源，通过移除 γ 源可以将其关闭

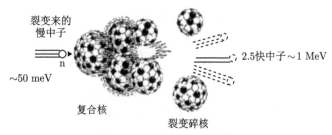

图 3.1.4　裂变反应示意图

$$n_{thermal} + U^{235} \longrightarrow 2fission\ fragments + 2.5n_{fast} + 180\ MeV$$

　　如果我们以 10MW 研究堆为例，在 180 MeV /裂变下释放 10^7 J/s 的能量，即 3.3×10^{17} 裂变/秒，在整个反应堆体积中释放 8.5×10^{17} 中子/秒。反应堆源的合成中子能谱如图 3.1.5 所示。

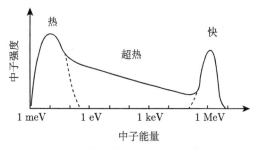

图 3.1.5 热反应堆能谱的不同组成 (强度不按比例)

频谱由三个不同的区域组成:

(1) 产生中子的快中子区。这被称为 Lamb 分布, 其峰值强度为 1~2 MeV, 可以通过以下表达式进行数学描述:

$$\Phi(E)\mathrm{d}E = \Phi_{\mathrm{f}}\exp(-E\sinh\sqrt{2E})\mathrm{d}E, \quad E > 0.5\ \text{MeV}$$

(2) 中间能量区域称为减速区域或超热区域, 其特征在于 $1/E$ 强度分布。

$$\Phi(E)\mathrm{d}E = \frac{\Phi_{\mathrm{epi}}}{E}\mathrm{d}E, \quad 200\ \text{meV} < E < 0.5\ \text{MeV}$$

上式描述了该区域的光谱, 源中子在慢化过程中失去能量。

(3) 在低能状态下, 中子谱趋向于与慢化剂达到热力学平衡, 因为中子像气体一样在与慢化剂中的原子核碰撞时既失去能量又获得能量。由此产生的能谱由有效温度 $T_{\mathrm{n}} \sim 300$ K 的麦克斯韦-玻尔兹曼分布描述, 总是比物理调节剂温度高一些, 因为在有限尺寸的调节剂中永远无法达到完全平衡。

$$\Phi(E)\mathrm{d}E = \Phi_{\mathrm{th}}\frac{E}{kT_{\mathrm{n}}}\exp\left(-\frac{E}{kT_{\mathrm{n}}}\right)\mathrm{d}E, \quad E < 200\ \text{meV}$$

对于室温调节剂, 麦克斯韦强度在约 25 meV 的能量处达到峰值。

　　图 3.1.6 显示了研究反应堆 (游泳池反应堆) 的基本组件的样式化表示。铀燃料通常包含在许多燃料棒中 (尽管 ILL 处只有一根)，并且临界反应由吸收中子的控制棒 (通常为硼负载) 控制。慢化剂通常根据反应堆冷却剂的不同而不同，取决于燃料的富集程度，可以为 H_2O 或 D_2O。反应堆周围有一块巨大的硼酸化混凝土和钢制成的辐射防护罩，可保护实验人员和仪器。

　　使用易裂变同位素固有含量较低的天然铀燃料，需要用重水 D_2O 作为缓和剂，因为其吸收截面比轻水 H_2O 低。当使用富含 U235 同位素的燃料时，可以使用吸收性更高的 H_2O 减速剂。表 3.1.1 中列出了 20 MW 反应堆的燃料和减速剂组合的通量成分的典型值。

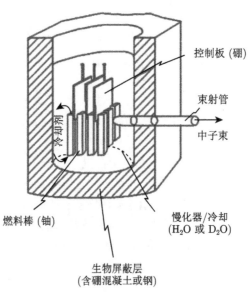

图 3.1.6　研究反应堆的示意图，展示了其中的基本组件

　　显然，尽管表 3.1.1 中所示的两个反应器的源强度相同 (1.7×10^{18} n/s)，但在富铀/H_2O 的情况下通量要高得多。出现这种情

况的原因很简单，因为这种燃料和减速剂的组合具有较小的堆芯和较高的功率密度。然而，从政治角度来看，使用浓缩铀作为燃料在反应堆运行方面存在其自身的特殊问题。

表 3.1.1　20MW 反应堆中两种最常见的燃料/减速剂组合的中子和伽马通量的典型值

组合	热通量 $\Phi_{\mathrm{th}}/$ $(n\cdot\mathrm{cm}^{-2}\cdot\mathrm{s}^{-1})$	超热通量 $\Phi_{\mathrm{epi}}/$ $(n\cdot\mathrm{cm}^{-2}\cdot\mathrm{s}^{-1})$	可靠通量 $\Phi_{\mathrm{f}}/$ $(n\cdot\mathrm{cm}^{-2}\cdot\mathrm{s}^{-1})$	通量函数 $\gamma/$ $(\mathrm{cm}^2\cdot\mathrm{s}^{-1})$
天然铀 $+D_2O$	6.10^{13}	2.10^{12}	4.10^{12}	2.10^{12}
浓缩铀 $+H_2O$	2.10^{14}	2.10^{13}	2.10^{14}	1.10^{13}

设计中子束反应堆的主要目的是在中子散射仪器上以所需的能量输送最大的中子通量。因此，束流管的前端被置于中子强度最大的区域，该区域可以设计为刚好出现在反应堆堆芯外部。

这是通过"慢化"堆芯来实现的，该堆芯向周围的反射器输送高分布快中子，慢化过程将热通量提高到最大值。对于其他中子能量，也可以通过在较高或较低温度下局部插入慢化材料块来实现。这在液态氢或氘冷源的情况下最为显著。图 3.1.7 给出了格勒诺布尔朗之万研究所高通量反应堆周围的束管分布和中子谱的各种成分。热通量峰值出现在距离反应堆堆芯边缘约 15 cm 处。

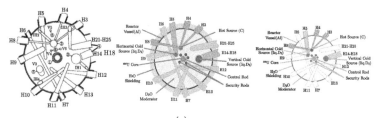

(a)

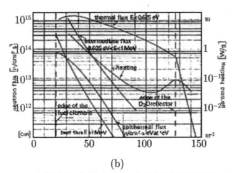

(b)

图 3.1.7   (a) ILL 反应堆的束管和冷、热调节器的视图；(b) 磁通量与到
铁心中心的距离函数关系图

3. 粒子加速器源

通过用加速器产生的高能粒子轰击目标可以产生中子。中子
将连续产生还是爆发，取决于不同加速器的类型。已经采用的反
应类型很多，以下是一些典型的：

1) (D,T) 聚变

在随后的放热反应中，氘和氚聚变产生中子。

$$D^2 + T^3 \longrightarrow He + n + 17.6 \text{ MeV}$$

所产生的中子动能为 14.1MeV。在实验室中可以使用 100 kV 氘
原子轰击氚靶的加速器来小规模产生中子。D_2 气体通过加热的
钯管产生单原子或新生氘。如图 3.1.8 所示，加速的 D^+ 轰击钛
或锆靶，靶上以氢化物 TiT_2 或 ZrT_2 的形式装载氚。在靶加热
还没成为麻烦时，可以相对简单地获得 $\sim 10^{11}$ 个中子/秒的连续
中子源。这种类型的中子源通常在实验室的反应堆物理模拟实验
中使用，例如用于测量石墨中的中子热化。

请注意，这种反应与热核聚变反应堆 (如 JET) 开发中使用
的反应相同。在这种情况下，引发氘和氚原子结合的能量来自等
离子体所需的高温。

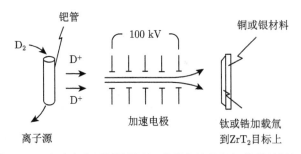

图 3.1.8　实验室中子源的原理，使用加速的氚加载到目标氚上

2) 电子加速器的轫致辐射

在减速过程中，高能电子在重靶中快速减速时会发出强烈的 γ 辐射。这就是所谓的轫致辐射或制动辐射。当使用裂变靶时，γ 辐射与靶的相互作用通过 (γ, n) 反应或 (γ, 裂变) 反应产生中子。

$$e^- \to Pb \to \gamma \to Pb \to (\gamma, n) 和 (\gamma, \text{fission})$$

轫致辐射 γ 能量超过目标中 "最后" 中子的结合能。该反应与上述 Sb^{124} 中的 (γ, n) 反应相当。像这样的中子源是通过一个中等大小的专用电子直线加速器或直线加速器实现的，它在大约 150 MeV 的能量下产生频率为 25∼250 Hz 的脉冲电子。目标材料的样品有钨、铅或贫化铀。图 3.1.9 说明了这种来源。

短脉冲 (即 <5 μs) 产生的源强度为 10^{13} 个中子/秒。该源的强度足以进行专门的中子散射测量，例如在哈韦尔、多伦多和北海道直线加速器以及弗拉斯卡蒂回旋加速器源 LISONE 上进行的测量。

电子枪　　　　　直线加速器约40 m　　　　　铀靶

图 3.1.9　产生脉冲中子束的电子直线加速器的示意图

3) 高能质子的散裂

散裂过程是高能粒子轰击重原子的常见核反应。该反应发生在入射粒子的某个能量阈值以上,该阈值通常为 5~15 MeV。图 3.1.10 中所示的反应是一个级联反应,涉及目标核掺入入射粒子 (如质子),然后是内部核子级联,射出高能中子的核间级联以及蒸发过程。通过发射几个低能中子及各种核子 (如光子和中微子) 激发靶核。

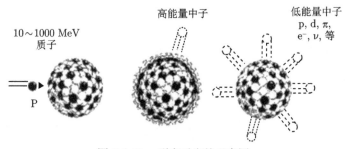

图 3.1.10   裂变反应的示意图

该反应具有多样性,并且通常涉及几个不同的靶核。散裂是来自岩石分裂的地质学术语,通常用炮弹闯进木壳船的样子来比喻。在散裂反应中,每个入射粒子通常可产生 20~30 个中子。每个产生的中子释放的能量非常低,约为 55 MeV,这与入射粒子的能量和目标原子核以及裂变过程是否起作用有关。使用裂变靶材 (通常为贫铀) 可以显著提高中子源强度。图 3.1.11 显示了在铅靶 (无裂变) 和铀 238 靶 (快速裂变有助于增加中子强度) 上发生的 800 MeV 质子散裂反应的源光谱。

级联过程仅占源中子的约 3%,由于它们产生于入射质子的高能量下,所以这些穿透力极强的中子决定了源的屏蔽要求。

实际上,散裂源通常是通过加速质子来实现的。产生的方式有多种,例如:

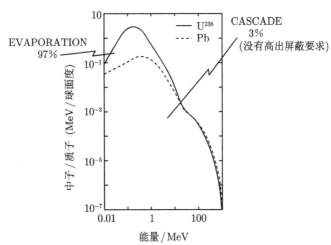

图 3.1.11　经过散裂过程从重金属靶发射的中子光谱，显示了靶中增殖性
物质的影响

(1) 直线加速器，如洛斯阿拉莫斯的阿拉莫斯介子物理装置 (LAMPF)，是高电流，高占空比的加速器会导致长脉冲或频率太高而无法在中子散射仪器中有效使用。因此，需要压缩长脉冲的粒子存储环。

(2) 回旋加速器，例如苏黎世附近瑞士保罗谢勒研究所 (PSI) 的瑞士散裂中子源 (SINQ)，通过散裂反应产生连续的中子束。

(3) 同步加速器，如英国的 ISIS。随着快速循环技术和弱聚焦磁体的实现，同步加速器一直以低电流运行。由于采用了单圈质子束提取方法，在中等占空比 (50 Hz) 下可以产生窄中子脉冲 (<1 μs)，这非常适合中子散射仪器。基于同步加速器的脉冲散裂中子源的典型示意图如图 3.1.12 所示。使用更适度的负离子 H^- 直线加速器可实现向同步加速器的多匝注入。在注入点，束流穿过薄的电子剥离膜，例如氧化铝，产生的质子进入同步加速器以进一步加速。通过这种方法，可以脉冲方式产生 $\sim 5 \times 10^{16}$ 快速中子/秒的中子源强度。

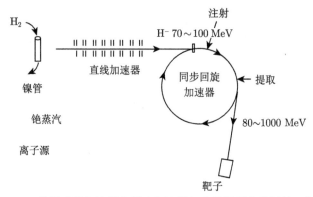

图 3.1.12   使用直线加速器和同步加速器组合的散裂中子源的工作原理

3.1.2   现代中子源

1. 对更高强度的追求

中子散射技术的数据率低，尤其是与 X 射线衍射或红外光谱法相比。因此，许多努力集中在改善中子源的可用强度上。在图 3.1.13 中，从 Carpenter 开始，按时间顺序绘制了各种中子源的有效热中子通量。这张图上各个点的精确位置以及连续源的平

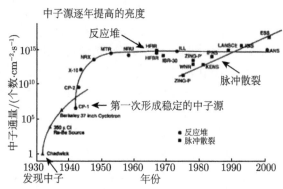

图 3.1.13   自 1932 年发现中子至今，不同中子源所形成的中子通量

均通量和脉冲源的峰值通量的使用一直是争论的主题，甚至没有提及尝试仅使用一个变量来比较这种复杂设施时做出的众多可疑假设。

然而，可见的趋势是真实的，而且非常明显。裂变反应堆在1942年首次在芝加哥成功完成关键组装之后的五年中迅速得到了改善，并达到了大约 $2 \times 10^{15} \mathrm{n/cm^2 \cdot s}$ 的缓慢渐近线。仪器的技术进步，例如中子导管、聚焦单色仪和面积检测器，确保了数据采集率稳定增长。另外，脉冲源尚未达到源通量的饱和，在接近这种极限之前，这类中子源仍有很大的潜力待实现。目前正在建设中的最先进的散裂源是田纳西州橡树岭的 1 MW SNS(散射中子源)，该源计划于 2006 年产生第一批中子。刚刚完成了针对 10 MW 欧洲散裂源的设计研究，该源保证源通量是牛津附近 160 kW ISIS 源的 30 倍。欧洲散裂中子源 (ESS) 的布局如图 3.1.14 所示。

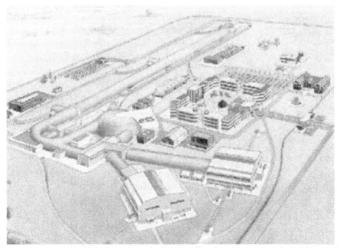

图 3.1.14 具有两个共享脉冲目标的欧洲散裂源布局图。当前的设计包括直接从直线加速器馈入的长脉冲目标

限制特定类型源的最大中子输出的一个重要因素是清除沉积在核反应靶中热量的速率。表 3.1.2 显示了在前面讨论的各种反应中每个有用中子释放的能量。散裂释放的能量是裂变能量的三分之一，而裂变释放的能量是光中子反应 (韧致辐射) 能量的十分之一。可控的热核聚变反应堆为中子提供了未来的希望，即释放的能量更低，因此有可能产生更高的强度。

另外，如果发生反应的中子在自然界中是脉冲的，与具有相同等效源强度的连续源相比，沉积在靶中的热量可以大大减少 (也许降低 20 倍)。

假设脉冲源的峰值通量可在脉冲之间的大部分时间范围内使用，则可在不降低中子散射仪数据速率的情况下获得可观的增益；相反，对于靶中相同的热量沉积速率，脉冲源通常比连续源获得更高的数据速率。

表 3.1.2　用于产生中子的各种反应中每个有用中子的中子产率和热量释放

过程	样品	中子产量	n 能量释放
1. (α,n) 反应	镭-铍实验室来源	$8\times10^{-5}/\alpha$ 粒子 (个)	6600000
2. (D,T) 聚变	400 keV 加载氘的钛上的氚核	$4\times10^{-5}/$氚核 (个)	10000
3. n 电子轫致辐射 & 光中子裂变	100 MeV 铀电子	$5\times10^{-2}/$电子 (个)	2000
4. 裂变	核反应堆的 U^{235}	1/裂变 (次)	180
5. 散裂	800 MeV 镭的质子	30/质子 (个)	55
6.(D,T) 聚变	可控热核反应堆中的激光聚变	1/聚变 (次)	18

2. 卢瑟福·阿普尔顿实验室的 ISIS

图 3.1.15 显示了英国卢瑟福·阿普尔顿实验室的脉冲中子源 ISIS 的剖视图。它包括一系列加速器，这些加速器产生强的 800 MeV 脉冲质子束，入射到钽靶上，通过散裂过程产生快速中子。

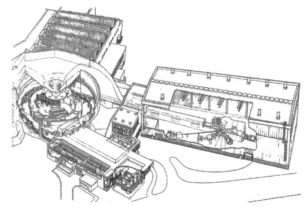

图 3.1.15 ISIS 脉冲中子设施的剖视图

我们可以将设施分为九个部分来描述。

(1) Cockcroft-Walton 分压器类型的预注入器高压发生器。这将产生 665 kV 和 50 Hz 的脉冲电压，在 500 μs 内提供 40 mA 的脉冲电流 ······

(2) ······H⁻ 源。离子源在铯蒸汽放电中产生 H⁻，氢气通过加热的镍管产生单原子氢原子。位于预注射器 665 keV 的 H⁻ 被推向第一个组件 ······

(3) ······ 阿尔瓦雷斯 (Alvarez) 型直线加速器注入器，由一系列势能间隙组成，随着 H⁻ 获得能量，势能间隙沿直线加速器长度增加。直线加速器将 H⁻ 加速到 70 MeV，每 20 ms(即在 50 Hz) 以 500 μs 的脉冲产生 20 mA 的电流。H⁻ 束由 ······ 进入同步加速器。

(4) ······ 直线注入，其中 0.25 μm 厚的氧化铝 Al₂O₃ 箔剥夺了 H⁻ 中的电子，所产生的质子被束缚在同步加速器的磁场中并参与加速过程。使用 H⁻ 和多匝注入可使同步加速器中的电流增加到空间电荷极限。因此，注入过程中较早的 H⁻ 和质子穿过箔剥离器上的磁场虽然一样，但曲率相等且相反，如图 3.1.16 所示。

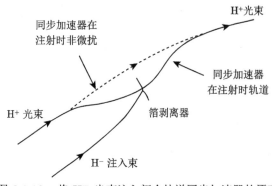

图 3.1.16　将 H⁻ 光束注入闭合轨道同步加速器的原理

(5) 同步加速器的直径为 52 m，呈十边形。十个侧面中的每个侧面都有公共磁体，用于聚焦质子束并将其弯曲 36° 进入下一个笔直部分。每条直道都有各自的目的。如上所述，第一直道用于注射，六个直道用于加速，每个直道包含一个射频铁氧体芯加速腔，该腔将适当相位的能量馈入质子束。随着束获得能量，RF 腔的频率增加，从而使质子束在每次通过时能量略有增加。六个 RF 腔将光束加速至 800 MeV，在此阶段，质子在同步加速器的相对两侧以两束的形式循环。每束的宽度为 90 ns，与第二束的宽度为 210 ns。加速光束中每个脉冲有 2.5×10^{13} 个质子，相当于 200 μA 的平均电流。同步加速器的两个直道是用于真空泵的端口——环保持在 5×10^{-8} mbar 的真空下——最终的直线是 ……

(6) …… 包含一组快速作用的起子磁铁的提取直道。这些磁铁在加速过程结束时被供电，并且环中的两束质子同时从同步加速器中提取到 …… 中。

(7) …… 提取的质子束线。然后质子脉冲被四极磁铁沿着一个 80m 的真空罐引导到 ……

(8) …… 它撞击钽靶的靶站，从而通过散裂过程产生快中子。靶目标被四个慢化剂包围——两个是环境水，一个是 110 K

的液态甲烷，一个是 25 K 的超临界氢蒸汽——以及一个铍反射器，用于将中子通量集中在慢化剂区域。慢化的中子穿过快门和光束线到达······

(9) ······中子散射仪器。ISIS 上有 18 个波束孔，靶目标站的两侧各有 9 个。当前 (2002 年 3 月) 的仪器布局如图 3.1.17 所示。

3. Laue Langevin 研究所的高通量反应堆

格勒诺布尔 ILL 高通量反应堆和相关中子仪器的平面图如图 3.1.18 所示。本书前面已经对反应堆堆芯和冷却剂系统进行了简短的讨论。

反应堆堆芯由一个由高浓缩铀 (93%) 制成的燃料元件组成，铀-235 的质量约为 8.57 kg。核心直径为 40 cm，由一个单一的中央控制杆控制，产生 58 MW 的功率，通过燃料元件的翅片抽水来消除。在平衡状态下，燃料元件的温度为 50 ℃。堆芯由一个直径为 2.5 m 的 D_2O 反射器容器包围，反射器外部是一个 H_2O 储罐和一个混凝土辐射屏蔽。还有三个专门设计的不同温度的减速剂，为各种仪器提供广泛的中子谱。它们是一个热减速剂和两个冷减速剂，热减速剂是 2500 ℃ 的石墨块，提供 200 meV 的峰值通量，冷减速剂是一个 25 L 的球形容器，含有 20 K 的液态氘，峰值强度为 5 meW。此外，还有一个超冷中子源，它产生波长为 1000 Å 的中子。

中子束管穿过反应堆的生物辐射屏蔽层进入排列在反应堆堆芯周围的 D_2O 反射器中的最高热通量区域。一些束管是径向的，因此可以看到芯体本身，而另一些束管则与芯体相切。前者具有比后者更高的中子通量，但是也具有更高的伽马通量的缺点。还有三束中子传导管或导管，用于分别观察环境反射器并传输热中子光谱，以及两个冷源，传输低能量或冷中子光谱。这些导管将中子无明显强度损失地传输到远离反应堆 (40~140 m) 的区域，在该区域背景低且空间够大，可将中子仪器安装在反应堆附近，使中子仪器的安装量增加了 3 倍多。

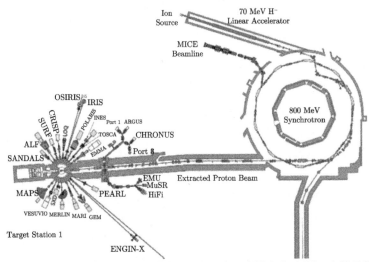

图 3.1.17　ISIS 脉冲中子源组件的平面图，仪器围绕钽靶布置。上游是其
仪器套件中的 μ 介子目标

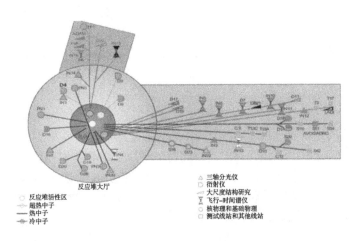

图 3.1.18　ILL 上仪器的示意图，显示了两个导厅

4. 脉冲源和反应堆源的简要比较

鉴于有大量忠诚的个人和既得利益者，冒险比较不同的中子源也许是不明智的。尽管如此，将我的个人清单列于表 3.1.3 中。

表 3.1.3　脉冲源和反应器的常见优点。这些优势中有许多是主观的，因此该表并不声称是一致的

脉冲源	反应堆
1. 中子能量较高	1. 中子能量较低
2. 在爆发中产生中子，并在源关闭时进行测量。背景较低！	2. 更容易屏蔽裂变中子。背景较低！
3. 脉冲工作模式	3. 连续工作模式
如果峰值 $\sim \Phi$ 平均值，则数据率 "相同"	
4. Φ 峰的可能性较高	4. 较高的 Φ 平均值不易得到
5. 尖锐脉冲实现高分辨率	5. 分辨率与问题有关
6. 脉冲形状不对称，分辨率函数不对称	6. 分辨率函数对称，通常为高斯分布
7. 必须使用受源频率限制的飞行时间方法	7. 完全灵活
8. 平行方向仍有待探索	8. 主要是试验过的技术
9. 被认为是环保的	9. 被认为是不环保的

最后，科学是在不同的来源对不同的仪器进行的，这是重要的，这取决于许多其他问题，而不是简单的比较能提供的。

参 考 文 献

[1] Wirtz, K., Dresner, L. & Beckurts, K. H. Neutron physics. (Springer-Verlag, 1964).

[2] Glasstone, S. & Edlund, M. C. The elements of nuclear reactor theory. (1952).

[3] Carpenter, J. M. Pulsed spallation neutron sources for slow neutron scattering. Nuclear Instruments and Methods 145, 91-113 (1977).

[4] Manning, G. Spallation neutron sources for neutron beam research. Contemporary Physics 19, 505-529 (1978).

[5] Arnold, L. The Neutron and the Bomb. Science 282, 422-423 (1998).

3.2　中子光学

Ian S. Anderson

3.2.1　简介

由于中子的初级通量较低，因此起确定束流条件 (方向，发散，能量，极化等) 作用的束流定义设备必须高效。以下各节介绍了常用的光束定义设备。可以在文献 [1] 中找到更详细的评论。

3.2.2　准直仪

准直仪也许是最简单的中子光学设备，用于定义中子束的方向和发散。最基本的准直仪仅由两个由吸收材料制成的狭缝或针孔组成，并在准直距离 L 的开头和结尾处分别放置一个。在此配置下，最大光束发散度为

$$\alpha_{\max} = (a_1 + a_2)/L \qquad (3.2.1)$$

其中，a_1 和 a_2 分别是狭缝或针孔的宽度。

这种设备通常用于小角度散射和反射测量。为了避免由于缝隙边缘的反射而引起的寄生散射，将非常薄的高吸收材料片 (例如 Gd 或 Cd 箔) 用作缝隙材料。在需要非常精确的边缘的情况下，可以使用裂解的单晶吸收剂，如钆镓石榴石 (GGG)。

从式 (3.2.1) 可以看出，简单狭缝或针孔准直器的发散度取决于孔径的大小。为了使一束大横截面的光束在一个合理的距离 L 内准直 (一维)，可以使用 Soller 准直器，该准直器由多个等距的中子吸收叶片组成，并由多个间隔隔开。这种准直仪的透射率 τ 取决于叶片的厚度 t 与透射 (空间) 通道 s 的宽度相比：

$$\tau = \frac{s}{s+t}$$

叶片必须尽可能薄和平。如果它们的表面不反射中子，函数的角相关透射接近理想的三角形式，10′ 准直可获得理论值的

96% 的透射。也可以用涂覆有吸收层 (例如钆) 的薄单晶硅 (蓝宝石或石英也是合适的) 晶片来构造微准直仪。选择涂有几微米 gd 的非常薄的硅晶片 (≈ 200 μm),可以使通过硅的传输损耗最小化。但是,这种设计的主要潜在收益是可以建造带有反射墙的准直仪。如果 Soller 准直仪的叶片涂有临界反射角等于 $\alpha_{max}/2$(对于一个特定波长) 的材料,则可获得方角透射函数而不是正常的三角函数,从而使理论透射率加倍。

Soller 准直仪通常与单晶单色仪结合使用,以确定仪器的波长分辨率。Soller 几何结构仅对一维准直有用。对于需要二维准直的小角度散射应用,可以使用会聚的 "胡椒罐" 准直器 [2,3]。

有时使用带有放射状叶片的圆柱形准直仪来减少样品环境中的背景散射。这种类型的准直器特别适合与位置敏感探测器配合使用,并且可以绕圆柱轴摆动以减少叶片的遮蔽效果 [4]。

3.2.3 晶体单色仪

晶体的布拉格反射是从白色中子束中选择明确定义的波段的最广泛使用的方法之一。

为了获得合理的反射强度并匹配典型的中子束发散,通常使用在 $0.2°\sim 0.5°$ 的角度范围内反射的晶体。传统上,镶嵌晶体比完美晶体更可取,尽管镶嵌晶体的反射会导致光束发散增加,同时所选波长带也会变宽。因此,准直仪通常与镶嵌单色仪一起使用,以定义初始和最终的发散度,从而定义波长扩散。

由于镶嵌晶体产生的光束展宽,弹性变形的完美晶体和晶格间距渐变的晶体可能更适合聚焦应用,因为可以修改变形以针对不同的实验条件优化聚焦 [5]。完美晶体通常用于高能量分辨率的反向散射仪器,在干涉测量法以及 Bonse-Hart 相机中,用于超小角度散射 [6]。

与具有较低峰值反射率的完美晶体相比,镶嵌晶体显示出更宽的衍射曲线。假设理想的镶嵌晶体包含独立散射的区域或镶嵌块的聚集体,这些聚集体或多或少是完美的,但足够小,以至于初级猝灭不会起作用。另外，每个块反射的强度可以使用 Zachariasen 的运动学理论来计算 [7]。

假设镶嵌块的取向与晶体表面 (对于布拉格情况) 几乎遵循 $W(\theta - \theta_B)$ 分布，其中 θ 是入射光束和布拉格平面形成的角度，而 θ_B 是布拉格角度。这种分布的半峰全宽 η 称为镶嵌展开或镶嵌。Darvin 方程总结了镶嵌晶体中的多次布拉格反射和二次消光的概念。西尔斯 [8] 给出了这些方程的精确且非常通用的解。控制镶嵌晶体衍射的物理量是吸收系数 μ 和散射系数 $\sigma = Q[W(\theta - \theta_B)]$。$Q$ 因子由 $Q = \lambda^3 F_{hkl}^2/(V_0^2 \sin 2\theta_B)$ 给出，其中 λ 是波长，F_{hkl} 是结构因子，V_0 是单位晶胞体积。如果我们定义 $a = \mu d/\sin\varphi$ 和 $b = \sigma d/\sin\varphi$，其中 d 为晶体厚度，φ 为入射光束和表面形成的夹角，则对称劳厄 (透射) 和布拉格 (反射) 几何结构中反射和透射光束的 Sears 方程为

$$R_{\text{Laue symm}} = \frac{1}{2}e^{-a}(1 - e^{-2b}) \tag{3.2.2}$$

$$T_{\text{Laue symm}} = \frac{1}{2}e^{-a}\left(1 + e^{-2b}\right) \tag{3.2.3}$$

$$R_{\text{Bragg symm}} = \frac{b}{\sqrt{a(a+2b)}\coth\sqrt{a(a+2b)} + (a+b)} \tag{3.2.4}$$

$$T_{\text{Bragg symm}} = \frac{\sqrt{a(a+2b)}}{\sqrt{a(a+2b)}\cosh\sqrt{a(a+2b)} + (a+b)\sinh\sqrt{a(a+2b)}} \tag{3.2.5}$$

理想的单色仪材料应具有大的散射长度密度、低吸收、不连贯和无弹性的横截面，并应以适当缺陷浓度的大单晶形式提供。表 3.2.1 给出了一些典型的中子单色仪晶体的相关参数。

由于可以获得更高的反射率，因此中子单色仪通常设计为在反射几何结构而不是透射几何结构中运行，因此仅在较小的波长范围内才能实现晶体厚度的优化。图 3.2.1 和图 3.2.2 分别显示了一些选定的反射。

表 3.2.1 用于中子单色晶体的材料的一些重要性质 (按单元体积的增加顺序排列)

材料	结构	300K 晶格常数 a, c /Å	晶胞体积 V_0 / $(10^{-24}\,\mathrm{cm}^3)$	相干散射长度 b / $(10^{-12}\,\mathrm{cm})$	散射长度密度平方 / $(10^{-21}\,\mathrm{cm}^{-4})$	非相干总散射比率 $\sigma_{\mathrm{inc}}/\sigma_{\mathrm{s}}$	吸收横截面 σ_{abs} (barns)* at $\lambda = 1.8$Å	原子质量 A	德拜温度 θ_{D}/K	$A\theta_{\mathrm{D}}^2$ / $(10^6\,\mathrm{K}^2)$
Be	h.c.p.	a: 2.2856 c: 3.5832	16.2	0.779(1)	9.25	6.5×10^{-4}	0.0076(8)	9.013	1188	12.7
Fe	b.c.c.	a: 2.8664	23.5	0.954(6)	6.59	0.033	2.56(3)	55.85	411	9.4
Zn	h.c.p.	a: 2.6649 c: 4.9468	30.4	0.5680(5)	1.40	0.019	1.11(2)	65.38	253	4.2
热解石墨	layer hexag.	a: 2.461 c: 6.708	35.2	0.66484(13)	5.71	$< 2 \times 10^{-4}$	0.00350(7)	12.01	800	7.7
Nb	b.c.c.	3.3006	35.9	0.7054(3)	1.54	4×10^{-4}	1.15(5)	92.91	284	7.5
Ni (^{58}Ni)	f.c.c.	3.5241	43.8	1.44(1)	17.3	0	4.6(3)	58.71	417	9.9
Cu	f.c.c.	3.6147	47.2	0.7718(4)	4.28	0.065	3.78(2)	63.54	307	6.0
Al	f.c.c.	4.0495	66.4	0.3449(5)	0.43	5.6×10^{-3}	0.231(3)	26.98	402	4.4
Pt	f.c.c.	4.9502	121	0.94003(14)	0.97	2.7×10^4	0.171(2)	207.21	87	1.6
Si	diamond	5.4309	160	0.41491(10)	0.43	6.9×10^{-1}	0.171(3)	28.09	543	8.3
Ge	diamond	5.6575	181	0.81929(7)	1.31	0.020	2.3(2)	72.60	290	6.1

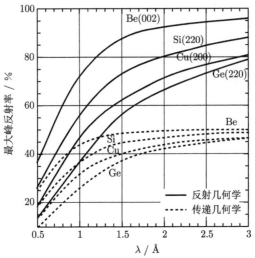

图 3.2.1　使用 0.1° 本征镶嵌图计算出的一些典型单色仪晶体的峰值
反射率

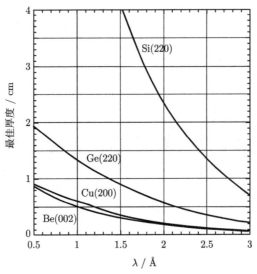

图 3.2.2　各种单色仪反射的最佳厚度的波长依赖性

图 3.2.3 中显示了相互空间中镶嵌晶体的反射。发散较小的入射光束转换为宽出射光束。在此过程中选择的 k 个矢量的范围 Δk 取决于镶嵌展度 η 以及入射光束和出射光束的发散角 α_1 和 α_2:

$$\Delta k / k = \Delta\tau/\tau + \cot\theta\,\alpha \tag{3.2.6}$$

其中，τ 是晶体倒数晶格矢量 $(\tau = 2\pi/d)$，而 α 由下式给出:

$$\alpha = \sqrt{\frac{\alpha_1^2\alpha_2^2 + \alpha_1^2\eta^2 + \alpha_2^2\eta^2}{\alpha_1^2 + \alpha_2^2 + 4\eta^2}} \tag{3.2.7}$$

因此，分辨率可以由准直器定义，并且在反向散射中可以获得最高的分辨率，其中波矢扩展仅取决于晶体的固有 $\Delta d/d$。

在某些应用中，镶嵌晶体产生的光束展宽可能会影响仪器性能。一个有趣的替代品是渐变晶体——沿定义的晶体学方向具有平滑的晶格间距的单晶。如图 3.2.3 所示，衍射相空间元从镶嵌晶体获得的形状不同。d 间距的梯度可以通过多种方式产生：热梯度 [9]，通过压电激发振动晶体 [10] 以及具有浓度梯度的混合晶体 (例如 Cu-Ge[11] 和 Si-Ge[12])。

在小样本上进行测量时，使用镶嵌晶体的垂直和水平聚焦组件都可以更好地利用中子通量。垂直聚焦可以导致强度增益因子为 2~5，而不会影响分辨率 (真实空间聚焦)[13,14]。水平聚焦通过跨单色仪表面的布拉格角变化来改变单色仪选择的 k 空间体积 (k 空间聚焦)[15]。

可以通过改变水平曲率来修改衍射 k 空间体积的方向，以便优化相对于特定样品或实验单色仪的分辨率，而不会损失照明，可以实现单色聚焦。此外，可以使用非对称切割的晶体，从而可以消除实际空间和 k 空间中的聚焦效应 [16]。

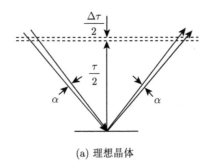

(a) 理想晶体

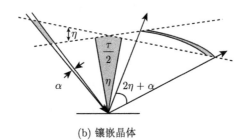

(b) 镶嵌晶体

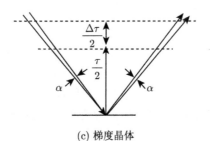

(c) 梯度晶体

图 3.2.3　具有互易格子矢量 t 的单色仪对发散角为 α 的光束的互易空间元素的影响的互易格子表示。(a) 对于具有恒定晶格宽度 $\Delta\tau$ 的理想晶体；(b) 对于镶嵌度为 h 的镶嵌晶体，表明发散角为 α 的光束被转换为发散为 $2h+\alpha$ 的宽出射光束；(c) 对于平面晶格间距变化超过 $\Delta\tau$ 的梯度晶体，表明在这种情况下发散度没有变化

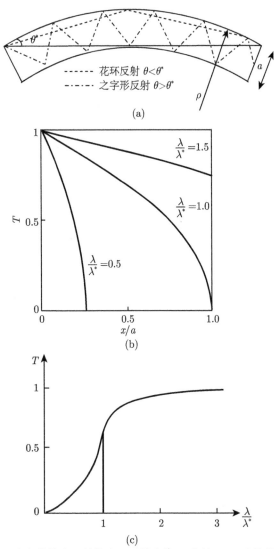

(a)

(b)

(c)

图 3.2.4 在弯曲的中子导管中, 透射率与 λ 有关: (a) 可能的反射类型 (花环和之字形)、直接视线长度、临界角 θ^* 与特征波长 $\lambda^* = \theta^*\sqrt{\pi/Nb_{\text{coh}}}$; (b) 不同波长穿过导管出口的透射率, 在外侧边缘归一化为 1; (c) 作为 λ 函数的导轨总透射率

3.2.4 镜面反射装置

在原子密度为 N 的非磁性材料中传播的波长为 λ 的中子的折射率 n 由以下表达式给出:

$$\eta = 1 - \partial - \mathrm{i}\beta = 1 - \frac{\lambda^2 N b_{\mathrm{coh}}}{2\pi} - \mathrm{i}\frac{\lambda}{4\pi}\mu \qquad (3.2.8)$$

其中, b_{coh} 是平均相干散射长度, m 是线性吸收系数。表 3.2.2 列出了一些常见材料的散射长度密度 $N \cdot b_{\mathrm{coh}}$ 的值。大多数材料的折射率略小于 1, 因此可以发生全外反射。因此, 中子可以从光滑表面反射, 但是临界反射角 γ_{c} 由下式给出:

$$\gamma_{\mathrm{c}} = \sqrt{\frac{N b_{\mathrm{coh}}}{\pi}} \qquad (3.2.9)$$

临界角很小, 所以反射只能在掠入射时发生。例如, 镍的临界角为 $0.1° \cdot \text{Å}^{-1}$。

由于临界角较小, 传统上反射光学器件体积庞大, 聚焦装置往往焦距较长。然而, 在某些情况下, 根据光束的发散度, 一个长的反射镜可以用一堆等效的短反射镜来代替。

1. 中子导管

镜面反射原理是中子导管的基础, 中子导管用于将中子束传输到距源 100 m 远的仪器[17]。

标准中子导管由组装成矩形横截面的硼玻璃板构成, 其尺寸可达到 200 mm 高 × 50 mm 宽。导板的内部反射面涂有大约 1200 Å 的镍, $^{58}\text{Ni}(\gamma_{\mathrm{c}} = 0.12 \ \text{Å}^{-1})$ 或 "超级镜"(随后说明)。通常将导向器抽成真空, 以减少中子在空气中吸收和散射带来的损失。

从理论上讲, 被源完全照亮的中子导管将在水平和垂直方向上传输一个全宽度为 $2\gamma_{\mathrm{c}}$ 的平方发散的光束, 从而使所传输的立

体角与 λ^2 成比例。实际上，由于导管系统的组装不完善，在长导管的末端，发散轮廓更接近于高斯分布。

因为中子在导管中可能经历大量的反射，所以获得高反射率是很重要的。镜面反射率由表面粗糙度决定，通常达到 98.5%～99%。进一步的传输损耗是由于组成导管的部分的对准中的缺陷而产生的。

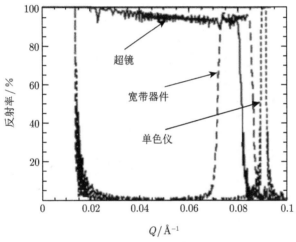

图 3.2.5　说明如何利用双层周期的变化来制造单色仪、宽带器件或超镜

中子导管除了将中子传输到低背景区域外，最大优点还在于它们可以多路复用，也就是说，一个导管可以服务于许多仪器。这可以通过只将总截面的一部分偏转到给定仪器，或者从导管光谱中选择较小的波长范围来实现。在后一种情况下，选择设备 (通常是晶体单色仪) 必须在其他波长下具有较高的透射率。

如果中子导管是弯曲的，透射率就变得与波长有关 (图 3.2.4)。理论透射率降至 67% 时的特征波长 λ^* 与特征角 $\theta^* = \sqrt{\dfrac{2a}{\rho}}$ 的关系如下：

$$\lambda^* = \sqrt{\frac{\pi}{Nb_{\text{coh}}}}\,\theta^* \qquad (3.2.10)$$

其中，a 是导管宽度，ρ 是曲率半径。对于小于 λ^* 的波长，中子只能通过 "花环" 反射沿着弯曲的导管的凹壁传输。因此，该引导件的长度只要大于直接视线长度 $L_1 = \sqrt{8a\rho}$，就可以充当低通能量滤波器。通过将导板细分为多个较窄的通道，可以减小视线长度，每个通道都可以用作迷你导管。所得的设备 (通常称为中子弯曲机，因为可以更快地实现光束的偏离) 被用于光束偏转器中。

表 3.2.2　中子光学中通常使用的一些常见材料的散射长度密度

材料	$Nb_{\text{coh}}/(10^{-6}\text{Å}^{-2})$
^{58}Ni	13.31
金刚石	11.71
镍	9.4
石英	3.64
锗	3.64
银	3.50
铝	2.08
硅	2.08
钒	−0.27
钛	−1.95
锰	−2.95

2. 多层

Schoenborn 和同事 [18] 首先指出，多层膜由不同散射长度密度 ($N \cdot b_{\text{coh}}$) 的薄膜交替组成，其行为类似于二维晶体，其 d 间距由双层周期给出。利用现代沉积技术 (通常是溅射)，可以在大约 1 m^2 的大表面积上沉积厚度从约 20 Å 到 100 Å 的均匀薄膜。由于涉及相当大的 d 间距，来自多层的布拉格反射通常是掠入射的，因此需要长器件来覆盖典型的光束宽度，或者，必须使用堆叠设备。然而，通过明智地选择散射长度对比度、表面和界面粗糙度以及层数，可以达到接近 100% 的反射率。

图 3.2.5 展示了双层周期中的变化如何用于产生单色器 (可以实现的最小 $\Delta\lambda/\lambda$ 为 1%的量级)、宽带器件或 "超反射器", 之所以如此称呼是因为它由双层厚度的特定序列组成, 该序列实际上将全反射镜反射区域扩展到普通临界角之外 [19,20]。现在可以生产出超反射镜, 它将镍的临界角扩大到 3~4 倍, 反射率优于 90%(图 3.2.6)。与接近 m^2 理论值的镍导管相比, 这种高反射率使得超反射率中子导管能够带来通量增益。

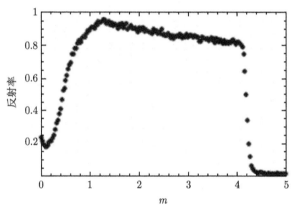

图 3.2.6　$m = 4$ 的超反射镜的测量反射率。m 值较低时反射率的降低是测量过程中样品光照不足造成的假象

层对的选择取决于应用程序。对于非偏振超级镜和宽带器件, 由于散射密度的高对比度, 通常使用镍/钛对, 而对于窄带单色仪, 低对比度的对 (如钨/硅) 则更为合适。

3. 毛细管光学

毛细管中子光学系统 (其中空心玻璃毛细管充当导管) 也是基于中子从光滑表面进行全外反射的概念。与中子导管相比, 毛细管的优势在于通道尺寸约为几十微米, 因此对于给定的特征波长, 曲率半径可以大大减小 (参见等式 (3.2.10))。因此, 中子可以有效地偏转大角度, 从而形成更紧凑的光学系统。

毛细管光学器件有两种基本类型,选择哪一种取决于所需的光束特性。第一种聚毛细管纤维由直径为几厘米的中空玻璃管制成,加热、熔合和拉伸多次,直到形成数千微米大小的通道束,其开口面积高达横截面的 70%。纤维外径从 300 mm 到 600 mm 不等,包含数百或数千个内径为 3~50 μm 的单个通道。通道的横截面通常为六边形,尽管已制造出方形通道,并且通道的内壁表面粗糙度通常小于 10 Å·rms,从而产生了很高的反射率。传输效率的主要限制来自开放区域、可接受的发散度 (请注意玻璃的临界角为 1 mrad /Å) 以及吸收和散射引起的反射损耗。一个典型的光学设备将包括成百上千的光纤,这些光纤穿过薄的屏幕以产生所需的形状。

第二种类型的毛细管光学器件是整体结构。单片光学器件中的各个毛细管都是锥形的,并且融合在一起,因此无需外部框架组件。与多纤维设备不同,构成单片光学器件的通道的内径沿组件的长度方向变化,从而使设计更小、更紧凑。毛细管光学器件可用于透镜中以聚焦或准直中子束 [21] 或简单地用作光束弯曲器。

4. 筛选器

中子滤光片用于去除光束中不需要的辐射,同时为所需能量的中子保持尽可能高的透射率。可以确定两个主要应用:从主光束中去除快中子和 γ 射线,以及减少从晶体单色仪反射的次光束中的高阶贡献 (λ/n)。在本节中,我们考虑非极化滤波器,即那些透射和去除截面与中子自旋无关的滤波器。对于偏光滤镜,在有关偏光镜的部分中进行介绍。

过滤作用取决于中子截面随能量的强烈变化,通常是多晶体的波长相关散射截面或共振吸收截面。按照 Freund[22],确定晶体固体对中子衰减的总截面可以写成三个项的总和

$$\sigma = \sigma_{abs} + \sigma_{tds} + \sigma_{bragg} \tag{3.2.11}$$

此处，σ_{abs} 是真实的吸收截面，在低能量下，远离共振，与 $E^{-1/2}$ 成比例。σ_{tds} 是随温度变化的热扩散截面，根据中子能量，描述由非弹性过程引起的衰减分为两部分。在低能量下，$E \leqslant k_b \Theta_D$，其中 k_b 是玻尔兹曼常数，而 Θ_D 是德拜温度，单声子过程占主导地位，产生的截面 σ_{sph} 也与 $E^{-1/2}$ 成比例。单声子截面在低温下与 $T^{7/2}$ 成正比，在高温下与 T 成正比。

在更高的能量 $E \geqslant k_b \Theta_D$ 时，多声子和多重散射过程开始起作用，导致横截面 σ_{mph} 随能量和温度的增加而增大。

第三项 σ_{bragg} 来自单晶或多晶材料中的布拉格散射。在低能量下，低于布拉格截止点 ($\lambda > 2d_{max}$)，σ_{bragg} 为零。在多晶材料中，随着更多的反射进入，横截面陡峭地上升到布拉格截止点上方，并随着能量的增加而振荡。在较高的能量下，σ_{bragg} 减小到零。

在布拉格截止点上方的单晶材料中，σ_{bragg} 的特征在于峰的离散光谱，其高度和宽度取决于光束的准直度、能量分辨率以及晶体的完美度和方向。因此，单晶滤波器必须经过仔细的定向来调谐。图 3.2.7～图 3.2.11 显示了普通滤光片材料的总横截面随能量的变化，而图 3.2.12 显示了热解石墨滤光片的透射随入射波长的变化。

冷却的多晶铍通常用作能量小于 5 meV 的中子过滤器，因为对于更高的能量，衰减截面增加了近两个数量级。BeO 的布拉格截止频率约为 4 meV，也很常用。

热解石墨是一种沿 c 方向具有良好结晶性能的层状材料，但其垂直于 c 方向是无规取向的，其衰减截面介于多晶和单晶之间。热解石墨用作有效的二阶或三阶滤波器 [23]，并且可以通过稍微偏离 c 轴的方向来"调谐"。

谐振吸收滤波器在谐振能量处的衰减截面显示出很大的增加，因此被用作该能量的选择性滤波器。表 3.2.3 列出了典型的过滤材料及其共振能量。

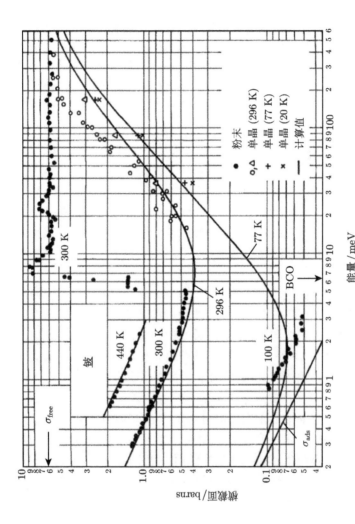

图 3.2.7　铍在能量范围内的总横截面，可以用作过滤器[22]

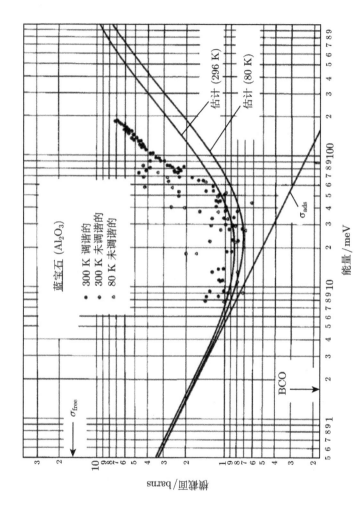

图 3.2.8 在能量范围内可以用作滤器过器的蓝宝石的总横截面[22]

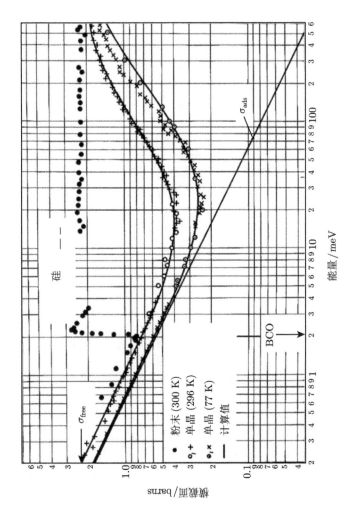

图 3.2.9　可以用作滤波器的能量范围内的硅的总横截面[22]

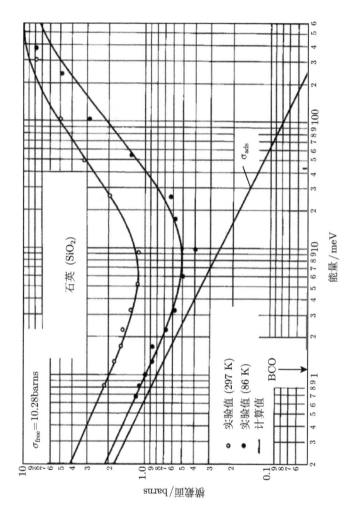

图 3.2.10 在能量范围内可以用作过滤器的石英的总横截面[22]

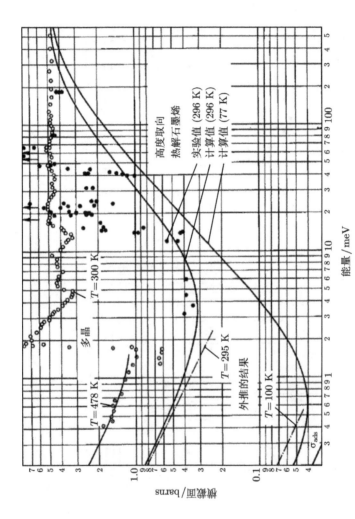

图 3.2.11　热解石墨在能量范围内的总横截面，可以用作过滤器[22]

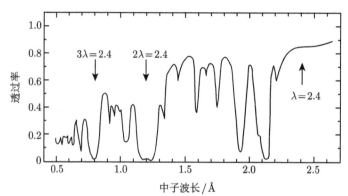

图 3.2.12　对于大约垂直于 (0002) 石墨平面传播的中子, 典型的热解石墨滤光片 (4 cm 厚) 的测量透射率是中子波长的函数。"调整" 过滤器的方向以使有害的高阶中子的透射率最小

表 3.2.3　用作中子过滤器的一些典型元素和同位素的特性

元素或同位素	共振能量/eV	σ_s(共振)/barns	λ/Å	$\sigma_s(\lambda)$/barns	$\dfrac{\sigma_s(\lambda/2)}{\sigma_s(\lambda)}$
In	1.45	30000	0.48	94	319
Rh	1.27	4500	0.51	76	59.2
Hf	1.10	5000	0.55	58	86.2
^{240}Pu	1.06	115000	9.55	145	793
Ir	0.66	4950	0.70	183	27.0
^{229}Th	0.61	6200	0.73	<100	>62.0
Er	0.58	1500	0.75	127	11.8
Er	0.46	2300	0.84	125	18.4
Eu	0.46	10100	0.84	1050	9.6
^{231}Pa	0.39	4900	0.92	116	42.2
^{239}Pu	0.29	5200	1.06	700	7.4

5. 屈光镜片

对于大多数材料, 由 $n = 1 - \partial - \mathrm{i}\beta$ 给出的折射率缩减量 $\partial = \dfrac{\lambda^2}{2\pi} N \cdot b_{\text{coh}}$ 的实部很小且为正。因此, 通常必须使用凹透镜聚焦中子束, 并且焦距 $f = \dfrac{R}{2\delta}$ (其中 R 为轴上曲率半径) 过长。

减小 R，即减小焦距到实用值，会严重限制镜头光圈。

一系列 N-对准透镜，每个透镜之间的距离可忽略不计，焦距 $f = \dfrac{R}{2N\delta}$。

复合折射透镜的焦距的 $\dfrac{1}{N}$ 减小因子可以根据每种元素的半径 R 取一个合理的值。球面构成不完美的镜片，并且这些镜片只有中央近轴区域接近理想镜片的旋转曲面的抛物面。对于具有抛物面表面的镜片，R 是在抛物面顶点的轴上的曲率半径。

合适的透镜材料应具有较大的 δ 值和较小的线性吸收系数 μ。表 3.2.4 中列出了几种材料的品质因数 $\dfrac{\delta}{\mu}$。

表 3.2.4   波长为 1.8 时所选材料的密度、线性吸收系数和品质因数

材料	密度/(g/cm^3)	μ/m^{-1}	δ	δ/μ/m
O	1.14	0.00425	1.28×10^{-6}	0.000302
CO_2	2.15	0.0191	1.60×10^{-6}	8.4×10^{-5}
C	2.26	0.051	3.88×10^{-6}	7.62×10^{-5}
Be	1.85	0.116	4.95×10^{-6}	4.27×10^{-5}
F	1.11	0.0365	1.02×10^{-6}	2.08×10^{-5}
Bi	9.73	0.118	1.23×10^{-6}	1.04×10^{-5}
MgO	3.58	1.28	3.62×10^{-6}	2.83×10^{-6}
Pb	11.3	0.573	1.6×10^{-6}	2.78×10^{-6}
MgF	3.18	0.471	1.24×10^{-6}	2.62×10^{-6}
SiO_2	2.2	0.441	1.05×10^{-6}	2.37×10^{-6}
ZrO_2	5.89	0.812	1.6×10^{-6}	1.98×10^{-6}
Mg	1.74	0.615	1.19×10^{-6}	1.94×10^{-6}
Si	2.32	0.796	1.06×10^{-6}	1.34×10^{-6}
Zr	6.49	1.2	1.55×10^{-6}	1.29×10^{-6}
Al	2.69	1.38	1.06×10^{-6}	7.73×10^{-7}

6. 偏光片

极化中子束的方法多种多样，如何选择最佳技术取决于仪器和要进行的实验。描述给定偏振器的有效性时必须考虑的主要参

数是偏振效率，定义为

$$P = (N_+ - N_-)/(N_+ + N_-) \tag{3.2.12}$$

其中，N_+ 和 $N-$ 是与出射束中的引导场自旋平行 (+) 或反平行 (−) 的中子数。第二个重要因素是所需自旋状态的透射率，取决于各种因素，例如接受角、反射和吸收。

7. 单晶偏振片

图 3.2.13 显示了使用铁磁单晶同时使中子束极化和单色化的原理。垂直于散射矢量 κ 施加的磁场 B 使沿磁场方向 B 的原子矩 M 饱和。对于这种几何形状的布拉格反射

$$(\mathrm{d}\sigma/\mathrm{d}\Omega) = F_N(\kappa)^2 + 2F_N(\kappa)F_M(\kappa)(P \cdot \mu) + F_M(\kappa)^2 \tag{3.2.13}$$

其中，$F_N(\kappa)$ 和 $F_M(\kappa)$ 分别是核和磁结构因子。向量 P 表示入射中子相对于 B 的极化；(+) 自旋为 $P = 1$，(−) 自旋为 $P = -1$，μ 是原子磁矩方向上的单位矢量。

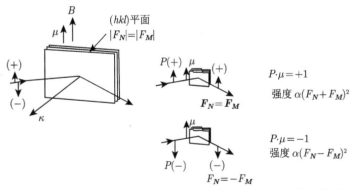

图 3.2.13 偏振单色仪的几何结构，显示满足 $F_N = F_M$ 的晶格平面 (hkl)，P 和 μ 的方向，预期的自旋方向和强度

因此，对于平行于 B 的极化中子 ($P \cdot \mu = 1$)，衍射强度与 $[F_N(\kappa) + F_M(\kappa)]^2$ 成正比，而对于反平行于 B 的极化中子，衍

射强度与 $[F_N(\kappa) - F_M(\kappa)]^2$ 成正比。因此，衍射光束的偏振效率为

$$P = \pm 2 F_N(\kappa) F_M(\kappa) / \left[F_N(\kappa)^2 - F_M(\kappa) \right]^2 \qquad (3.2.14)$$

它可以是正数或负数，并且在 $|F_N(\kappa)| = |F_M(\kappa)|$ 时有最大值。

因此，除了具有便利的晶体学结构，好的单晶偏振器还必须在室温下是铁磁性的，并且应包含具有大磁矩的原子。此外，还应提供具有"可控"镶嵌的大型单晶。最后，所需反射结构因子应较高，而高阶反射的结构因子应较低。

三种自然存在的铁磁性元素 (铁、镍和钴) 都不能制成高效的单晶偏振器。Co 是强吸收的，铁和镍的核散射长度太大，无法通过它们的弱磁矩来平衡。一个例外是 ^{57}Fe，它具有相当低的核散射长度，通过将 ^{57}Fe 与 Fe 和 3%Si 混合可以实现结构因子匹配 [24]。

通常，为了促进结构因子匹配，使用合金而不是元素。表 3.2.5 列出了一些用作偏振单色仪的合金的特性。在短波长下，$Co_{0.92}Fe_{0.08}$ 的 (200) 反射用于产生正偏振光束 [$F_N(\kappa)$ 和 $F_M(\kappa)$ 均为正]，但是钴的吸收很高。在更长的波长处，通常使用霍伊斯勒合金 Cu_2MnAl[25,26] 的 (111) 反射，因为它具有比 $Co_{0.92}Fe_{0.08}$ 更高的反射率 (图 3.2.14) 和更大的 d 间距。因为对于 (111) 反射 $F_N \sim F_M$，衍射光束是负偏振的。不幸的是，(222) 反射的结构因子高于 (111) 反射的结构因子，从而引起光束明显的更高阶污染。

表 3.2.5   偏振晶体单色仪的性质

	$Co_{0.92}Fe_{0.08}$	Cu_2MnAl	Fe_3Si	^{57}Fe:Fe	$HoFe_2$
马赫反射 $|F_N| \sim |F_M|$	(200)	(111)	(111)	(110)	(620)
d-间隔/Å	1.76	3.43	3.27	2.03	1.16
在 1 Å 的射出角 $2\theta_B/(°)$	33.1	16.7	17.6	28.6	50.9
截止波长 λ_{max}/Å	3.5	6.9	6.5	4.1	2.3

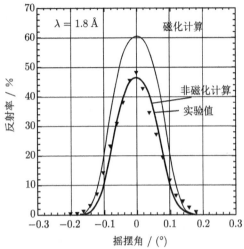

图 3.2.14 由具有固有的 0.045° 镶嵌的霍伊斯勒晶体的 (111) 反射计算
得出的反射率

8. 偏光镜

对于铁磁材料, 中子折射率为

$$n_\pm = 1 - \lambda^2 N(b_{\mathrm{coh}} \pm p)/2\pi \qquad (3.2.15)$$

其中, 磁散射长度 p 定义为

$$p = 2\mu(B - H)m\pi/h^2 N \qquad (3.2.16)$$

其中, m 和 μ 分别是中子质量和磁矩, B 是施加磁场 H 中的 [23]
磁感应强度, h 是普朗克常数。

— 号和 + 号分别指其力矩平行于 B 和反平行于 B 排列的
中子。折射率取决于中子自旋相对于薄膜磁化强度的方向, 因此
产生了两个全反射临界角, 即 γ_- 和 γ_+。因此, 在这两个临界角
之间的角度范围内的反射会在反射和透射中产生偏振光束。极化
效率 P 是根据两种自旋状态的反射率 r 和 r_- 定义的:

$$P = (r_+ - r_-)/(r_+ + r_-) \qquad (3.2.17)$$

为了获得最佳反射率, 通常将铁磁材料薄膜沉积到低粗糙度的基板 (例如浮法玻璃或抛光硅) 上来制成偏振镜。通过钆/钛合金制成的抗反射层, 可以减少来自基板的反射。

这种偏振器的主要限制是必须使用掠入射角并且偏振角范围小。如前所述, 通过使用多层材料 (其中层材料之一是铁磁性的), 可以部分克服该限制。在这种情况下, 铁磁材料的折射率在一种自旋状态下与非磁性材料的折射率匹配, 从而不会发生反射。以这种方式制成的偏振超级镜具有扩展的偏振角范围 (图 3.2.15 和图 3.2.16)。

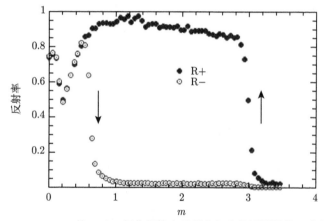

图 3.2.15 $m=3$ 的 Fe/Si 极化超镜在反射几何中的测量性能。在低 m 值下, 反射率的降低是一种伪影, 这是由于在测量过程中样品的照明不足所致

注意, 现代沉积技术可以方便地调节折射率, 从而容易实现匹配。表 3.2.6 给出了一些常用层对的散射长度密度。

偏振多层膜还用于单色仪和宽带设备中。视不同的应用, 可以使用各种层对: Co / Ti, Fe / Ag, Fe / Si, Fe / Ge, Fe / W, $Fe_{50}Co_{48}V_2$ / TiN, FeCoV / TiZr 和 $^{63}Ni^{54}_{0.66}Fe_{0.34}$ / V, 用于达

到饱和的场范围从 10 Gs 到 500 Gs 不等。

偏振镜可用于反射或透射,偏振效率可达到 97%,由于入射角小,通常将其用于 2 Å 以上的波长。可以使用反射镜偏振器构造各种装置,包括简单的反射镜、V 形透射偏振器[27]、腔偏振器[28] 和弯曲器[29]。

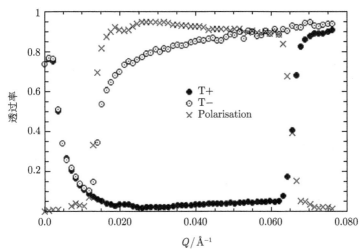

图 3.2.16 在透射几何中,$m=3$ 的 Fe/Si 极化超镜的测量性能。在低 m 值下,透射率的增加是由测量过程中样品照明不足引起的伪影

9. 偏光滤镜

偏振滤光片的工作原理是有选择地从入射光束中去除一个中子自旋状态,允许以适当的衰减透射传输另一个自旋状态。自旋选择是通过优先吸收或优先散射实现的,因此偏振效率通常随着滤光片的厚度而增加,而透射率则随着滤光片厚度增加而降低。因此,必须在极化 P 和透射 T 之间做出折中。通常使用的品质因数为 $P\sqrt{T}$[30]。

广义滤波器的总横截面可以写为

$$\sigma_\pm = \sigma_0 \pm \sigma_p \qquad (3.2.18)$$

其中，σ_0 为自旋无关截面，$\sigma_p = (\sigma_+ + \sigma_-)/2$ 为极化截面。可以看出 [31]，σ_p/σ_0 的比值必须 $\geqslant 0.65$ 才能达到 $|P| > 0.95$ 和 $T > 0.2$。

表 3.2.6　用于偏振多层的一些典型材料的散射长度密度。对于非磁性层，我们仅列出了与相应磁性层的 $N(b-p)$ 值非常匹配的简单元素。实际上，可以通过使用合金 (例如，Ti_xZr_y 合金允许选择在 $(-1.95\sim3.03) \times 10^{-6}\text{Å}^{-2}$ 之间的铌 b 值) 或反应性溅射 (例如 TiN_x) 来实现出色的匹配

磁层	$N(b+p)$ /(10^{-6}Å^{-2})	$N(b+p)$ /(10^{-6}Å^{-2})	无磁层	$Nb/(10^{-6}\text{Å}^{-2})$
			Ge	3.64
			Ag	3.50
Fe	13.04	3.08	W	3.02
			Si	2.08
			Al	2.08
Fe:Co(50:50)	10.98	−0.52	V	−0.27
			Ti	−1.95
Ni	10.86	7.94		
Fe:Co:V(49:49:2)	10.75	−0.63	V	−0.27
			Ti	−1.95
Fe:Co:V(50:48:2)	10.66	−0.64	V	
			Ti	
Fe:Ni(50:50)	10.53	6.65		
Co	6.55	−2.00	Ti	−1.95
Fe:Co:V(52:38:10)	6.27	2.21	Si	2.08
			Al	2.08

磁化铁是第一个使用的偏振滤光片。该方法依赖于磁化多晶块的自旋相关布拉格散射，其 σ_p 在 4 Å 处的铁边界附近接近 10 barns。对于 3.6～4 Å 范围内的波长，比率 σ_p/σ_0 为 0.59，因此对于 ～0.3 的透射率，偏振效率为 0.8。然而，实际上由于铁不能

完全饱和，因此会发生去极化，并且 $P \sim 0.5$ 的值和 $T \sim 0.25$ 的值更为典型。

共振吸收极化滤光片依赖于极化核吸收截面在其核共振能量上的自旋相关性，并且可以在较宽的能量范围内产生有效的极化。通常通过在磁场中冷却来实现核极化，并且已经成功测试了基于 ^{149}Sm$(E_r = 0.097$ eV$)$ 和 ^{151}Eu$(E_r = 0.32$ eV 和 0.46 eV$)$ 的滤波器 [32]。^{149}Sm 滤光片在小波长范围 (0.85~1.1 Å) 内具有接近 1 的偏振效率，而透射率约为 0.15。

基于自旋相关散射或吸收的宽带偏振滤光片提供了一种有趣的替代偏振镜或单色仪的方法，因为可以接受的能量和散射角范围更广。这种滤波器最有前途的是极化 ^{3}He，它通过与自旋有关的巨大中子俘获截面来工作，该截面完全由具有反平行自旋的中子的共振俘获所主导。长度为 l 的 ^{3}He 中子自旋滤波器的极化效率可写为

$$P_n(\lambda) = \tanh[O(\lambda)P_{\text{He}}] \tag{3.2.19}$$

其中，P_{He} 是 ^{3}He 核极化，$O(\lambda) = [^{3}\text{He}]l\sigma_0(\lambda)$ 是无量纲的有效吸收系数，也称为不透明度 [33]。对于气态 ^{3}He，不透明度可以用以下更方便的单位表示：

$$O' = p\,[\text{bar}] \times l\,[\text{cm}] \times \lambda\,[\text{Å}] \tag{3.2.20}$$

其中，p 是 ^{3}He 压力，$O = 7.33 \times 10^{-2}O'$。

类似地，自旋滤波器的残留透射率由下式给出：

$$T_n(\lambda) = \exp[-O(\lambda)]\cosh[O(\lambda) \cdot P_{\text{He}}] \tag{3.2.21}$$

从图 3.2.17 可以看出，即使在低 ^{3}He 极化下，也可以以传输为代价，在大吸收的极限内实现全中子极化。

^{3}He 可以通过与光抽运 Rb 的自旋交换来极化 [34]，或者通过抽运亚稳态 ^{3}He* 原子，然后进行亚稳态交换碰撞 [35]。前一种方法中，^{3}He 气体在所需的高压下极化，而 ^{3}He* 泵送发生在

大约 1 mbar 的气压下，随后是极化保持压缩，压缩系数接近
10000。虽然铷泵的极化时间常数约为几个小时，但与 ^{3}He* 的
几分之一秒相比，^{3}He* 泵需要多次 "填充" 过滤池才能达到所需
的压强。典型地，核极化 P_{He} 达到 55‰。

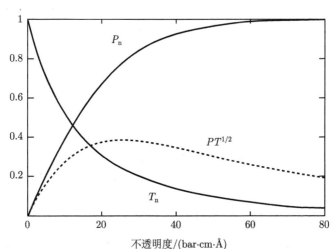

图 3.2.17 具有 55% 核极化的 ^{3}He 过滤器的中子极化和透射。图中还显
示了品质因数 $P\sqrt{T}$

10. 塞曼偏振器

理想的热中子硅晶体的反射宽度和约 10 kG 的场的塞曼分
裂 ($\Delta E = 2\mu B$) 是可比的，因此可用于极化中子束。对于强磁
场区域中的单色光束 (能量 E_0)，塞曼分裂的结果将是分成两个
偏振子光束，一个子光束沿 B 偏振，能量为 $E_0 + \mu B$，另一个
偏振态平行于 B 偏振，能量为 $E_0 - \mu B$。通过在场区域 B 中摇
摆完美的晶体，可以选择两个偏振光束 [36]。

11. 自旋取向装置

极化是目标或光束中粒子集合的自旋取向状态。光束偏振矢
量 $\boldsymbol{P}$ 定义为光束中组件自旋状态的矢量平均值，通常由密度矩

阵 $\rho = 1/2(1 + \boldsymbol{\sigma}\boldsymbol{P})$ 描述，然后将极化定义为 $\boldsymbol{P} = \mathrm{Tr}(\rho\boldsymbol{\sigma})$。如果极化矢量在均匀磁场 B 中向磁场方向倾斜，则极化矢量将以经典的拉莫尔频率 $\omega_{\mathrm{L}} = |\gamma|\boldsymbol{B}$ 进动。这导致进动矢量和进动自旋极化。对于大多数实验，在施加磁场的方向上考虑线性极化矢量就足够了。但是，如果磁场方向沿着中子的路径发生变化，则 $\boldsymbol{P}$ 的方向也可能发生变化。如果磁场变化的频率 $\varOmega$ 使得

$$\varOmega = \mathrm{d}(\boldsymbol{B}/|\boldsymbol{B}|)/\mathrm{d}t \ll \omega_{\mathrm{L}} \tag{3.2.22}$$

然后极化矢量绝热地跟随场旋转。或者，当 $\varOmega \gg \omega L$ 时，磁场变化非常快，以至于 P 无法跟随，这种情况称为非绝热快速通过。所有的自旋取向装置都基于这些概念。

12. 保持极化方向

偏振光束在通过零场区域期间趋于去偏振，因为场方向在光束横截面上不明确。因此，为了使偏振方向沿着定义的量化轴对齐，必须采取特殊的预防措施。

维持中子极化的最简单方法是使用引导场在光束的整个飞行路径上产生清晰的场 B。如果磁场改变方向，则必须满足绝热条件 $\varOmega \ll \omega L$，也就是说，磁场改变必须在比拉莫尔周期长的时间间隔内进行。在这种情况下，极化绝热地遵循场方向，最大偏离角为 $\Delta\varTheta \leqslant 2\arctan(\omega/\omega_{\mathrm{L}})$[37]。

13. 极化方向旋转

可以通过引导场方向的绝热变化来改变偏振方向，使得偏振方向跟随它。这种旋转是通过旋转转向器或旋转旋转器[38]进行的。

可替代地，也可以通过使用先前描述的旋进的特性来使偏振方向相对于引导场旋转。如果偏振光束进入场相对于偏振轴倾斜的区域，则偏振矢量 P 将围绕新场方向进动。进动角取决于场的大小和在场区域中花费的时间。通过调整这两个参数以及

场方向，可以实现确定的 P(尽管取决于波长) 旋转。一个简单的设备使用非绝热快速通道，它们穿过两个正交缠绕在彼此顶部的矩形螺线管的绕组 [39]。这样，机械旋转可以被两个电流所代替，这两个电流的比值定义了旋进场轴的方向，并且场的大小确定了旋进的角度 Φ。因此，可以在任何方向上定义极化矢量的方向。

为了产生中子自旋回波应用中所需要的极化的连续旋转 (即明确定义的旋进)，使用旋进线圈。在最简单的情况下，这些是长螺线管，其横截面的场积分变化可以通过菲涅耳线圈 [40] 进行校正。Zeyen 及其同事已经开发并实施了最佳场形线圈 (OFS)[41]。这些线圈中的磁场遵循 $\cos^2$ 形状，这是通过优化线积分同质性得出的。OFS 可以绕成很小的直径，从而大大减少了杂散场。

14. 极化方向的翻转

术语 “翻转” 最初用于光束偏振方向相对于引导场相反的情况。它描述了偏振方向从平行场向反平行场过渡的过程，反之亦然。产生此 180° 旋转的设备称为 π 形翻转器。顾名思义，$\pi/2$ 翻转器会产生 90° 的旋转，通常通过将 90° 的偏振光转向引导场来引发进动。

产生这种转变的最直接且与波长无关的方式还是从一个场方向的区域到另一个场方向的区域的非绝热快速通道。这可以通过像达布箔片 [42]、凯乐八号 [43] 或低温翻转器 [44] 这样的电流片来实现。

替代地，可以使用进动线圈来产生自旋翻转，如前所述，其中极化方向在正交于引导场的方向上仅进动 π。通常，使用两个正交缠绕的线圈，其中第二个校正线圈用于补偿进动线圈内部的引导场。这种翻转器取决于波长，并且可以通过改变线圈中的电流来容易地调谐。

15. 机械斩波器和选择器

在本节中，我们将介绍利用中子飞行时间来进行某种选择的设备。放眼来看，我们应该注意到一个 4 Å 中子的往复速度约为 $10000\ \mu s \cdot m^{-1}$，因此仅用几米的飞行路径就可以准确确定中子能量。

绕平行于中子束的轴以最高 20000 rpm 的速度旋转的圆盘斩波器用于产生清晰的中子脉冲。圆盘由吸收材料制成 (至少在光束通过的地方)，并包括一个或多个对中子透明的孔或狭缝。对于极化中子，这些透明的缝隙不应是金属的，因为即使在弱的引导场中，金属中的涡流也会使光束强烈去极化。脉冲频率由孔的数量和旋转频率确定，而占空比由一圈打开时间与关闭时间之比确定。两个同相旋转的斩波器可用于单色化和同时脉冲束[45]。实际上，通常使用两个以上的斩波器来避免入射光束和散射光束的帧重叠。圆盘斩波器的时间分辨率 (以及仪器的能量分辨率) 由光束大小、孔径大小和旋转速度确定。对于一个实际的光束大小，旋转速度会限制分辨率。

因此，在现代仪器中，通常用两个反向旋转的斩波器代替一个斩波器[46,47]。简单圆盘斩波器的低占空比可以通过用一系列狭缝代替单个狭缝来改善，这些狭缝或者是规则序列 (傅里叶斩波器)[48] 或者是占空比分别为 50% 和 30% 的伪静态序列 (伪静态斩波器)[49]。

费米斩波器是中子斩波器的另一种形式，它同时使入射光束产生脉冲并使其单色化。它由一个狭缝组件组成，本质上是一个准直仪，它们围绕垂直于光束方向的轴旋转[50]。在所需波长下，为了实现最佳透射，狭缝通常是弯曲的，以便在中子参照系中提供一个直的准直镜。曲率也消除了 "反向突发"，也就是斩波器旋转 180° 时通过的中子脉冲。

具有直缝的费米斩波器与水平发散较宽的单色仪组件结合在一起可用于对多色光束进行时间聚焦，从而在提高强度的同时

保持能量分辨率 [51]。

速度选择器用于需要粗能量分辨率的连续光束。它们存在于多个圆盘结构或围绕平行于光束方向的轴旋转的螺旋通道中 [52]。现代螺旋通道选择器由轻质吸收叶片组成，这些叶片被开槽到旋转轴上的螺旋槽中 [53]。在较高的能量下，没有合适的吸收材料可用，高散射聚合物 (聚甲基丙烯酸甲酯) 可用于叶片，尽管在这种情况下必须提供足够的屏蔽。中子波长由转速和分辨率决定，$\Delta\lambda/\lambda$；范围为 5％到 100％($\lambda/2$ 滤波器)。分辨率由设备的几何形状决定，但可以通过倾斜旋转轴来略微提高，或者通过反向旋转较短的波长来放宽。现在可获得高达 94％的传输。

参 考 文 献

[1] Anderson, I. S., Brown, P.J., Carpenter, J.M., Lander, G., Pynn, R., Rowe, J.M., & Schärpf, O., Sears, V.F., and Willis, B.T.M. Intern. Tables for Crystallography C. (Kluwer Academic Publish, 1999).

[2] Nunes, A. C. A focussing low-angle neutron diffractometer. Nuclear Instruments and Methods 119, 291-293 (1974).

[3] Glinka, C. J., Rowe, J. M. & LaRock, J. G. The small-angle neutron scattering spectrometer at the National Bureau of Standards. Journal of Applied Crystallography 19, 427-439 (1986).

[4] Wright, A. F., Berneron, M. & Heathman, S. P. Radial collimator system for reducing background noise during neutron diffraction with area detectors. Nuclear Instruments and Methods 180, 655-658 (1981).

[5] Maier-Leibnitz, H. in Summer School on Neutron Physics (Russia, 1969).

[6] Bonse, U. & Hart, M. Tailless X-Ray Single-Crystal Reflection Curves Obtained By Multiple Reflection. 7, 238-240 (1965).

[7] Zachariasen, W. H. (Wiley, 1945).

[8] Sears, V. Bragg Reflection in Mosaic Crystals. I. General Solution of the Darwin Equations. Acta Crystallographica Section A 53, 35-45 (1997).

[9] Alefeld, B. Neutron back-scattering spectrometer. Kerntechnik 14, 15-17 (1972).

[10] Hock, R., et al. Neutron backscattering on vibrating silicon crystals-' experimental results on the neutron backscattering spectrometer IN10. Zeitschrift für Physik B Condensed Matter 90, 143-153 (1993).

[11] Freund, A., Guinet, P., Mareschal, J., Rustichelli, F. & Vanoni, F. Cristaux àgradient de maille. Journal of Crystal Growth 13-14, 726-730 (1972).

[12] Magerl, A., Liss, K. D., Doll, C., Madar, R. & Steichele, E. Will gradient crystals become available for neutron diffraction? Nuclear Instruments and Methods in Physics Research Section A: Accelerators, Spectrometers, Detectors and Associated Equipment 338, 83-89 (1994).

[13] Riste, T. Singly bent graphite monochromators for neutrons. Nuclear Instruments and Methods 86, 1-4 (1970).

[14] Currat, R. The efficiency of vertically bent neutron monochromators. Nuclear Instruments and Methods 107, 21-28 (1973).

[15] Scherm, R., et al. A variable curvature analyser crystal for three-axis spectrometers. Nuclear Instruments and Methods 143, 77-85 (1977).

[16] Scherm, R. H. & Krüer, E. Bragg optics — focusing in real and k-space. Nuclear Instruments and Methods in Physics Research Section A: Accelerators, Spectrometers, Detectors and Associated Equipment 338, 1-8 (1994).

[17] Christ, J. & Springer, T. The development of a neutron guide at the FRM reactor. Nukleonik 4 (1962).

[18] Schoenborn, B. P., Caspar, D. L. D. & Kammerer, O. F. A novel neutron monochromator. Journal of Applied Crystallography 7, 508-510 (1974).

[19] Mezei, F. Novel polarized neutron devices: supermirror and spin component amplifier. Communications on Physics 1, 81-85 (1976).

[20] Hayter, J. B. & Mook, H. A. Discrete thin-film multilayer design for X-ray and neutron supermirrors. Journal of Applied Crystallography 22, 35-41 (1989).

[21] Mildner, D. F. R., Chen-Mayer, H. H. & Downing, R. G. J. Phys.

Soc. Jpn 65, 308-311 (1996).

[22] Freund, A. K. Cross-sections of materials used as neutron monochromators and filters. Nuclear Instruments and Methods in Physics Research 213, 495-501 (1983).

[23] Shapiro, S. M. & Chesser, N. J. Characteristics of pyrolytic graphite as an analyzer and higher order filter in neutron scattering experiments. Nuclear Instruments and Methods 101, 183-186 (1972).

[24] Reed, R., Bolling, E. & Harmon, H. 129-131 (Oak Ridge National Laboratory, TN, USA, 1973).

[25] Delapalme, A., Schweizer, J., Couderchon, G. & Perrier de la Bathie, R. Étude de l'alliage de Heusler (Cu2MnAl) comme monochromateur de neutrons polarisés. Nuclear Instruments and Methods 95, 589-594 (1971).

[26] Freund, A., Pynn, R., Stirling, W. G. & Zeyen, C. M. E. Vertically focussing Heusler alloy monochromators for polarised Neutrons. Physica B+C 120, 86-90 (1983).

[27] Ankner, J., Majkrzak, C. & Wood, J. in SPIE Conference Proceedings. 260 (SPIE: Bellingham, WA).

[28] Majkrzak, C. in SPIE proceedings series. (SPIE).

[29] Schaerpf, O. Properties of beam bender type neutron polarizers using supermirrors. Physica B: Condensed Matter 156 & 157, 639-646 (1989).

[30] Tasset, F. & Ressouche, E. Optimum transmission for a ^{3}He neutron polarizer. Nuclear Instruments and Methods in Physics Research Section A: Accelerators, Spectrometers, Detectors Associated Equipment 359, 537-541 (1995).

[31] Williams, W. G. Polarized neutrons. (Clarendon Press Oxford, 1988).

[32] Freeman, F. F. & Williams, W. G. A149Sm polarising filter for thermal neutrons. Journal of Physics E: Scientific Instruments 11, 459-467 (1978).

[33] Surkau, R., et al. Realization of a broad band neutron spin filter with compressed, polarized ^{3}He gas. Nuclear Instruments Methods in Physics Research Section A: Accelerators, Spectrometers, Detectors Associated Equipment 384, 444-450 (1997).

[34] Bouchiat, M. A., Carver, T. R. & Varnum, C. M. Nuclear Polarization in He$_3$Gas Induced by Optical Pumping and Dipolar Exchange. Physical Review Letters 5, 373-375 (1960).

[35] Colegrove, F., Schearer, L. & Walters, G. Polarization of ^{3}He gas by optical pumping. Physical Review 132, 2561 (1963).

[36] Forte, M. & Zeyen, C. M. E. Neutron optical spin-orbit rotation in dynamical diffraction. Nuclear Instruments and Methods in Physics Research Section A: Accelerators, Spectrometers, Detectors and Associated Equipment 284, 147-150 (1989).

[37] Schärpf, O. in Neutron Spin Echo 27-52 (Springer, 1980).

[38] Schärpf, O. & Capellmann, H. The XYZ-Difference Method with Polarized Neutrons and the Separation of Coherent, Spin Incoherent, and Magnetic Scattering Cross Sections in a Multidetector. 135, 359-379 (1993).

[39] Jones, T. J. L. & Williams, W. G. Rutherford Laboratory Report. (1977).

[40] Mezei, F. Neutron spin echo: A new concept in polarized thermal neutron techniques. Zeitschrift für Physik A Hadrons and nuclei 255, 146-160 (1972).

[41] Zeyen, C. M. E. & Rem, P. C. Optimal Larmor precession magnetic field shapes: application to neutron spin echo three-axis spectrometry. Measurement Science and Technology 7, 782-791 (1996).

[42] Dabbs, J. W. T., Roberts, L. D. & Bernstein, S. (Oak Ridge National Laoratory, Oak Ridge National Laoratory, USA, 1955).

[43] Abrahams, K., Steinsvoll, O., Bongaarts, P. J. M. & Lange, P. W. D. Reversal of the Spin of Polarized Thermal Neutrons without Depolarization. 33, 524-525 (1962).

[44] Forsyth, J. Magnetic neutron scattering and the chemical bond. Atomic Energy Review 17, 345-412 (1979).

[45] Egelstaff, P. A., Cocking, S. J. & Alexander, T. K. Inelastic Scattering of neutrons in solids and liquids. IAEA, 165-177 (1961).

[46] Hautecler, S., et al. in Proccedings of the Conference. 211-215 (IAEA).

[47] Copley, J. R. D. Transmission properties of a counter-rotating pair

of disk choppers. Nuclear Instruments and Methods in Physics Research Section A: Accelerators, Spectrometers, Detectors and Associated Equipment 303, 332-341 (1991).

[48] Colwell, J., Miller, P. & Whittemore, W. in Neutron Inelastic Scattering Vol. II. Proceedings of a Symposium on Neutron Inelastic Scattering.

[49] Colwell, J. F., Miller, P. H. & Whittemore, W. L. Neutron Inelastic Scattering. IAEA, Vienna 2, 429-437 (1968).

[50] Turchin, V. F. Slow neutrons. Israel Programme for Scientific Translation (1965).

[51] Blanc, Y. ILL internal Report. No 82BL21G (Institut Laue-Langevin, 1983).

[52] Dash, J. G. & Jr., H. S. S. A High Transmission Slow Neutron Velocity Selector. 24, 91-96 (1953).

[53] Wagner, V., Friedrich, H. & Wille, P. Performance of a high-tech neutron velocity selector. Physica B: Condensed Matter 180-181, 938-940 (1992).

3.3　热中子探测器

A. Oed

3.3.1　引言

粒子或辐射探测是基于电流的测量。低速且无电荷的热中子只能在与靶原子发生核反应之后进行测量，该靶原子会发出电离辐射或电离粒子。表 3.3.1 中给出了通常用于热中子探测的靶同位素。除 Gd 以外，所有其他反应都是裂变过程，其中两个裂变粒子沿空间中随机定向以相反的方向射出。

热中子的麦克斯韦分布如图 3.3.1 所示。

表 3.3.1 用于热中子检测、反应产物及其动能的常用同位素

反应	能量	粒子	能量	粒子	能量
$n(^3He,p)^3H$	+0.77 MeV	p	0.57 MeV	^3H	0.19 MeV
$n(^6Li,\alpha)^3H$	+4.79 MeV	α	2.05 MeV	^3H	2.74 MeV
93% $n(^{10}B,\alpha)^7Li+2.3MeV+\gamma$	(0.48 MeV)	α	1.47 MeV	^7Li	0.83 MeV
7%					1.01 MeV
$n(^{10}B, \alpha)^7Li$	+2.79 MeV	α	1.77 MeV	^7Li	
$n(^{235}U,Lfi)Hfi$	+$\sim$ 100 MeV	Lfi	<=80 MeV	Hfi	<=60 MeV
$n(^{157}Gd,Gd)e^-$	+ <= 0.182 MeV	电子转换	$0.07 \sim 0.182$ MeV		

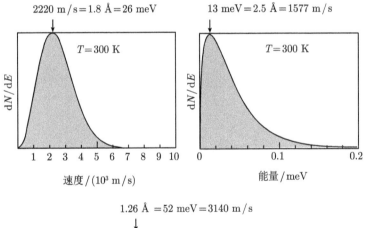

图 3.3.1 300 K 时中子的速度、能量和波长分布

3.3.2 吸收定律

在吸收长度为 $\mu[\mathrm{cm}]$ 的吸收体中经过 $x[\mathrm{cm}]$ 的长度后，中子通量 $J_\mathrm{o}[\mathrm{s}^{-1}]$ 减小到该值

$$J = J_\mathrm{o}\mathrm{e}^{-(x/\mu)}$$

或吸收器中消失的相对通量为

$$(J_0 - J)/J_0 = 1 - \mathrm{e}^{-(x/\mu)}$$

以百分比表示，这导致探测器或吸收器的效率

$$\mathrm{Eff} = [1 - \mathrm{e}^{-(x/\mu)}] \times 100$$

吸收长度 $\mu[\mathrm{cm}]$ 与截面 $\sigma[\mathrm{cm}^2]$ 和吸收体的原子密度 $A_\mathrm{d}[\mathrm{atom}/\mathrm{cm}^3]$ 的乘积成反比。

$$\mu = 1/(\sigma^* A_\mathrm{d})$$

因此，用横截面表示的吸收定律是

$$J = J_0\mathrm{e}^{-(\sigma^* x^* A_\mathrm{d})}$$

对于压强为 1 bar 的气体，原子密度 A_d 为 $2.7 \times 10^{19}\ \mathrm{cm}^{-3}$，对于固体和液体，其值大约高 1000 倍。一般来说，原子密度由下式给出：

$$A_\mathrm{d} = \rho^* N_\mathrm{a}/M_\mathrm{v}\ [\mathrm{cm}^{-3}]$$

ρ 是单位体积的质量 $[\mathrm{g/cm}^3]$，$N_\mathrm{a} = 6.25 \times 10^{23}$，阿伏伽德罗常数 $[\text{原子}/\mathrm{mol}]$，M_v 是吸收剂材料的摩尔质量 $[\mathrm{g/mol}]$。

有时吸收也用质量吸收系数 $\gamma = \mu^* \rho[\mathrm{g/cm}^2]$ 来表示。对于厚度为 $x\ [\mathrm{cm}]$ 的吸收体的表面质量密度 $M_\mathrm{d} = x^* \rho\ [\mathrm{g/cm}^2]$，该定律为

$$J = J_0\mathrm{e}^{-(M_\mathrm{d}/\gamma)}$$

表 3.3.2 列出了中子实验中使用的某些材料对热中子的吸收长度、横截面和质量吸收密度。

表 3.3.2　热中子的横截面、吸收长度和质量吸收密度。($v = 2224$ m/s; $\lambda = 1.78$ Å; $E_{\text{kin}} = 26$ meV; $T = 300$ K), 大截面的同位素因此用于中子探测中

靶材	密度 (g/cm^3)	横截面 σ/barn	吸收长度 μ/cm	吸收密度 /(g/cm)
^{3}He 气体 1bar	1.27×10^{-4}	5.33×10^3	7.36	9.34×10^{-4}
^{6}Li 金属	4.70×10^{-1}	9.45×10^2	2.24×10^{-2}	1.05×10^{-2}
Li 金属网	5.43×10^{-1}	6.62×10^1	3.20×10^{-1}	1.74×10^{-1}
^{6}LiF 晶体	2.55	1.21×10^3	1.56×10^{-2}	3.98×10^{-2}
^{10}BF$_3$ 气体 1bar	2.82×10^{-3}	4.01×10^3	9.80	2.77×10^{-2}
^{10}B 晶体	2.16	4.01×10^3	1.92×10^{-3}	4.14×10^{-3}
B nat 晶体	2.23	7.50×10^2	1.2×10^{-2}	2.81×10^{-2}
Mg 金属	1.74	6.23×10^{-2}	3.67×10^2	6.39×10^2
Al 金属	2.70	2.38×10^{-1}	6.96×10^1	1.88×10^2
Fe 金属	7.86	2.59	4.55	3.57×10^1
Cd 金属	8.64	2.51×10^3	8.56×10^{-3}	7.40×10^{-2}
Gd 金属网	7.89	4.61×10^4	7.16×10^{-4}	5.65×10^{-3}
^{157}Gd 金属	7.89	2.51×10^5	1.31×10^{-4}	1.03×10^{-3}
Hg 金属	1.35×10^1	3.70×10^2	6.68×10^{-2}	9.02×10^{-1}
^{235}U 金属	1.89×10^1	5.77×10^2	3.58×10^{-2}	6.77×10^{-1}
U 金属网	1.91×10^1	7.60	2.72	5.20×10^1

热中子的横截面 σ 与速度 v 成反比。

$$\sigma \sim \frac{1}{v} \text{ 或 } \sigma \sim \frac{1}{\sqrt{E}}, \quad \text{其中 } E \text{ 是动能}$$

当德布罗意波长 $\lambda = h/(m_{\text{n}} \cdot v)$, $h = $ 普朗克常数, 且 $m_{\text{n}} = $ 中子质量也与速度 v 成反比时, 横截面随中子波长 λ 线性增加: $\sigma \sim \lambda$。

^{157}Gd 和 ^{235}U 在较高能量下产生谐振，如图 3.3.2 所示。

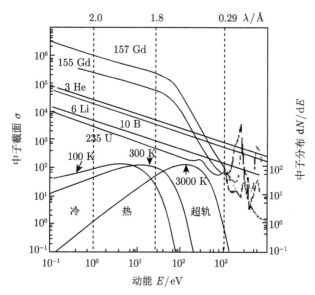

图 3.3.2   热中子检测中常用的同位素的中子截面随动能的变化

3.3.3 中子探测器

以下是对所有可能的中子探测器的调查，分为集成和计数装置。其优点和缺点列于其中。

在不考虑不同质量，尤其是成本的重要性情况下，计数检测器似乎比集成检测器具有更多的优势。集成检测器更适合束监控、束对准和中子照相，而计数装置则适合干涉图样记录，用于样品内部的结构分析和随时间的变化。

集成	计数
转换箔	**转换箔**
摄影胶片	像素半导体
A1,A2,A8, **D3,D4,D5,D6,D7**	A1,A2,A3,A4,A5, **D6,D8**
	位置敏感气体计数
成像板	A3,A4,A5,A6,A8,**D1,D2**
	闪烁计数器
A1,A2,A5,A8, **D3,D4,D6,D7**	位置敏感 PM
CCD 相机	A1,A2,A3,A4,A5,A6,A7,**D8**
A1,A2,A5,**D3,D4,D6,D7,D8**	位置敏感气体计数器
	A3,A4,A5,A6,A7,A8, **D1,D2**
闪烁计数器	**内部转换器**
CCD 相机	气体计数器-阵列
	A3,A4,A5,A6,A7,A8,**D1,D2**
A1,A2,A5, **D3,Q4,Q7**	多线正比例探测器
	A3,A4,A5,A6,A8,**D1,D2**
汤姆孙管	微型结构气体探测器
	A1,A4,A5,A6,A7,A8, **D2**
A1,A2,A5,A6,A8, **D3,D4,D7**	硼二极管
图像放大器	A1,A2,A3,A4,A5,A6,A7, **D8**
A1 ,**D2,D3,D5,D6,D7,D8**	
内部转换器	
电离室	
A1,A4,A5,A8, **D2,D3**	
载 Gd 成像板	
A1,A2,A5,A8, **D3, D4,D7**	

优点	缺点
(A1) 高强度性能	(D1) 有限的计数能力 <1 kHz/mm^2
(A2) 高位置分辨率	(D2) 有限的位置分辨率 >100 μ cr
(A3) 伽马识别	(D3) 伽马敏感
(A4) 在线读，短时切片	(D4) 读取时长 >1ms /frame
(A5) 高动力	(D5) 低动力 <1/100
(A6) 高 n-效率	(D6) 低 n-效率 <20%
(A7) 低噪声	(D7) 高噪声 >1count / pixel
(A8) 大敏感区域	(D8) 小敏感区域 <100 cm^2

3.3.4 气体探测器

1. 电离室

最简单的中子气体探测器是电离室：由两个金属板组成的冷凝器，板间的间隙中充满 ^{3}He 或 ^{10}BF$_3$ 气体。^{3}He 填充的探测间隙对中子探测效率的影响，如图 3.3.3 所示。

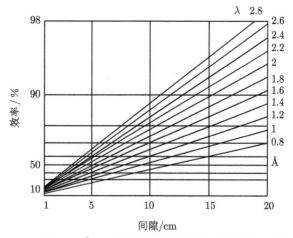

图 3.3.3 用 1bar ^{3}He 填充的探测间隙对中子探测效率的影响

核反应发出的两个粒子在气体中减速。它们沿着经过的轨迹产生电子-离子对，并以约 100 V/(cm·bar) 的电场强度将这些电荷收集在相应的板上，可以在此处测量电流。为了在气体中生成一个电子-离子对，电离粒子损失约 30 eV 的能量。这就是为什么在一个中子的 n(^{3}He，p)^{3}H+0.77 MeV 反应中产生约 22000 个电子-离子对，并收集到 4.1×10^{-15} [As] 的电荷。通常，电离室用作束监测器。

如图 3.3.4 所示，氚的射程约为质子射程的 1/3。这意味着在电荷的重心和反应发生的位置之间存在系统偏差。

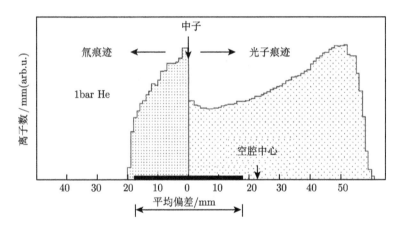

图 3.3.4　反应 n(^{3}He，p)^{3}H+0.77 MeV 释放出的粒子在 He 中的电离度

可以通过添加其他分子量较高的气体 (最好是由轻原子，如 C、H 和 F 组成) 以降低对 X 射线和伽马射线的敏感性来减少这种偏差。对于某些气体，表 3.3.3 中列出了产生一个电子-离子对的颗粒的平均能量损失、粒子范围和与反应点的平均偏差。

2. 正比探测器

电离室 (见上文) 中由单个中子产生的少量电荷很难测量，而使用盖革计数器 [1] 则很容易做到。一根直径为几微米的非常

细的线用作阳极，位于圆柱管的轴上。该冷凝器充满气体。核反
应的电离粒子产生的电子向正极线漂移，在正极线周围很高的场
强下，它们将经历雪崩放大。这种气体放大是无噪声的，并且与
最初产生的电荷量成正比。气体增益系数高达 10^5。这样，单个
中子就很容易检测到。图 3.3.5 显示了 ^{3}He+ Ar+ CH_4 计数器
的典型脉冲高度谱。

表 3.3.3 某些气体的平均电离能、粒子范围和偏差

气体 1bar	电离能/eV	踪迹长度/mm	踪迹长度/mm	偏差/mm
		质子	氚核	
He	41.3	61	20	36
Ar	26.4	12	4	7.4
Xe	22.1	6.17	1.85	3.94
C_4H_{10}	23	3.38	.93	2.3
CF_4	~ 27	4.4	1.6	2.5
		α	^{7}Li	
BF_3	35.3	4.3	2.1	1.4

事实上，在 770 keV 时，预期只有一条线，对应于总反应能
量。但是一些粒子轨迹进入外壳，电荷丢失了。在 192 keV 时，
反应直接在圆柱体的内表面上发生，质子停在金属中。只有向相
反方向发射的氚核将其全部能量释放到气体中。在较高的气压
下，随着粒子范围的缩短，尾部的计数将变小。在中子信号和伽
马背景之间有一个很大的间隙，可以很好地分辨伽马射线。不幸
的是，本地计数能力仅限于大约 1 kHz / mm^2。气体放大过程中
产生的离子非常缓慢地向气缸壁漂移。在高速率下，它们的空间
电荷削弱了电线上施加的电场，从而减少了气体增益。有了好的
能量分辨率，才能有好的伽马辨别，一个事件的所有主要电荷必
须被收集。由于电离粒子相对于导线方向在随机方向上发射，以
及不均匀的圆柱场，电子向导线的漂移时间变化很大。漂移时间
取决于气体混合物和局部电场强度。一般来说，达到 10 μs 对于
良好的电荷收集是必要的。因此，整个计数器的最大计数率约为

30 kHz，30％的信号堆积在一起。CF_4-He 混合物中电子的漂移速度如表 3.3.4 所示。对于氦，通过添加 CF_4 达到最高漂移速度。

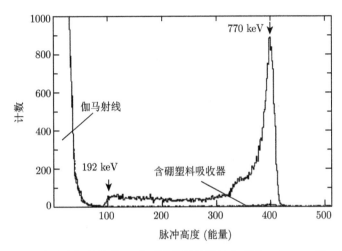

图 3.3.5　实验室辐射的 ^{3}He 中子计数器的脉冲高度谱。Am-Be 源。为了区分伽马背景和中子信号，在第二次测量中，在源和计数器之间安装了加载了硼的塑料吸收剂

表 3.3.4　混合气体 3 中 1.14 V/(cm·mb) 电场中电子的漂移速度

混合气体	速率/(cm/μs)
CF_4 100%	11.2
CF_4 50%+ He 50%	6.2
He 100%	1.1

电离和范围是使用程序 TRIM86[2,3] 计算的。

如最近文献 [4] 所示，装有 N_2+CF_4 的计数器是出色的中子束监测器。对于充满 1 bar N_2 的 1 cm 间隙，在 1.8 Å 的波长下，中子效率为 9.05×10^{-5}。在横截面为 1.8 barn 的反应 n(^{14}N, ^{14}C)H+ 627 keV 中，质子以 585 keV 的能量发射，并传递容易与 γ 本底分离的电荷信号。

3. 多线正比室

盖革计数器的位置敏感型多线正比室 (MWPC) 是 Charpak[7]
发明的。它由大量细阳极丝组成，装配在一个平面中，并安装在
由分开的阴极带组成的两块板之间。条带的方向彼此正交。与盖
革计数器一样，气体放大作用发生在导线上。通过电场将雪崩中
的电子-离子对分离之后，离子云会影响阴极条上的信号，从而
可以确定事件的位置。垂直于导线的可达到的位置分辨率取决于
导线间距。

由于导线间距小于 1 mm，该设备的操作极其困难。由于阳
极框架和阴极之间的电场是均匀的，与圆柱形计数器相比，初级
电荷的漂移时间分布更均匀，因此电荷收集的时间减少到大约
1 μs。由于计数能力仅取决于该收集时间，对于整个敏感表面，
二维检测器的速率极限增加到大约 300 kHz，在该速率下位置误
差为 30%。为了记录更高的速率，必须对检测器进行分段。具有
单独读出的一维检测器给出了这样的分割。每个单元能够记录
300 kHz 的速率。在任何情况下，与计数管一样，局部计数能力
限制在约 1 kHz/mm^2。

4. 微型结构气体探测器

为了提高计数能力，必须缩短阴极距离，以更快地清除雪崩
离子。为了获得更好的位置分辨率，电极的结构间距必须更小。
最近开发的微型结构气体探测器 (MPGC) 已经达到了这一目标。
它们非常小的电极结构通过光刻技术制造，这是制造集成电路的
常用程序。

一种是微调气体室 (MSGC)[8]，下面对其进行简要介绍。其
布置与电离室一致，不同的是阳极板由玻璃板制成，其表面固定
有非常薄的导体条。宽度为几微米的小条位于两个较大的条之
间，间距为几十微米。施加的电势在每个条带之间交替变化。较
小的条带是阳极，较大的条带是阴极。这种微型条形板运行起来

就像一个正比探测器。在气体占据的任何地方产生的电子都向正带漂移，在那里它将经历雪崩放大。但是现在雪崩中产生的 90% 以上的离子在非常靠近的阴极带上被中和，因此空间电荷显著减少。中子探测的局部速率极限达到 20 kHz/m^2，比线计数器高 20 倍。总体速率限制与 MWPC 相同，因为它仅取决于电荷收集时间。在中子探测中，这种结构的较小间距不会自动地得到更好的定位，因为精度还取决于反应点和电荷重心之间的固有偏差。只有当粒子范围减小到结构间距的大小时，空间分辨率才会提高。

气体电子倍增器 (GEM)[9] 是最近发展起来的。它的放大部分由聚酰亚胺箔组成，该箔的两侧都镀有金属，上面钻有小孔。两个表面之间的电热差会产生雪崩放大所需的场强。该设备价格便宜，可以生产出高达 30 cm × 30 cm 的大尺寸。在文献 [10] 和 [11] 中可以找到 MPGC 最近的发展概况。

气态中子探测器的一般特征是：

(1) 高且无噪声的内部放大。

(2) 很好的伽马分辨力。

(3) 太敏感区域。

(4) 硬辐射。

(5) 最大本地速率：$\leqslant$ 1 kHz/mm^2 分别地 $\leqslant$ 20 kHz/mm^2。

(6) 每个单元或每个敏感表面的总速率 $\leqslant$ 300 kHz。

(7) 位置分辨率 $\geqslant$ 1 mm。

3.3.5　闪烁体探测器

在图 3.3.6 中，显示了两个直接耦合到光电倍增管的中子闪烁体的脉冲高度谱。只有玻璃闪烁体才能在中子和伽马信号之间产生可容忍的分隔。锂负载的 ZnS 粉末的光子输出较高，但是其伽马敏感性也是如此。

如表 3.3.5 所示，一些中子闪烁体的特性。

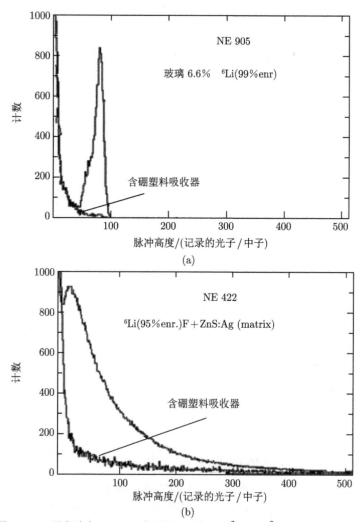

图 3.3.6 用实验室 Am-Be 中子源 (反应：n(^{6}Li，α)^{3}H 4.79 MeV) 辐射的闪烁体 NE 905 和 NE 422(核企业)，并在相同放大倍数下用光电倍增器测量得到的脉冲高度谱。在第二次测量中，在源和闪烁体之间安装了加载了硼的塑料吸收器，以便区分伽马本底和中子信号

表 3.3.5 热中子最有用的闪烁体的特性

闪烁体掺杂	衰减时间/ns	峰值波长/nm	光子/中子
^{6} Li-玻璃: Ce	18 和 98	395	∼6000
^{6} LiF/ ZnS : Ag	>1000	450	∼160000
^{6} LiI 晶体: Eu	∼1400	470	∼48000

由于闪烁体材料的密度更高，电离粒子的范围减小到几微米，这可以得到更好的空间分辨率。从闪烁体发出的光由光敏检测器直接记录，或者由透镜、镜子或光纤等导向不同的光学装置记录，可以是胶卷、CCD 照相机、光电倍增管 (PM) 或光敏气态计数器。但是所有集成的光学设备也记录伽马射线产生的光。

在连续的中子束上，装载锂的 ZnS 闪烁体 NE 422 仅适用于伽马灵敏度对结果影响不大的测量：束监视或中子射线照相。伽马背景只能通过脉冲中子束和计数光探测器来区分，利用的是中子和伽马之间的飞行时间差。

由于玻璃闪烁体 NE 905 的衰减时间短，因此通过直接连接的 PM 可以记录高达几 MHz/mm^2 的局部速率。这对于位置敏感的 PM 也有效。后者与这种闪烁体的组合是具有最高倍率能力且空间分辨率约为 200 μm 的中子探测器。尽管最大敏感面积仍然限制在 8cm × 8cm，并且这种布置的成本很高，不幸的是，NE 905 闪烁体的光输出对于使用 CCD 的单个中子检测而言太低了。

Anger 相机 [12] 是闪烁体和与一束光电倍增管耦合的光分散器的组合。中子事件的定位是通过确定不同 PM 信号之间的质心来实现的。它的敏感区域高达几百平方厘米，位置分辨率为几毫米。

市售的汤姆孙管看起来像阴极射线管。屏幕由 Gd 氧化物闪烁器代替，并用光阴极覆盖。闪烁体中 Gd 转换电子产生的光将电子从光电阴极释放到真空中，在真空中它被静电光学器件加速并聚焦到输出屏幕上，在那里产生大量的光子。可以通过上述所有光敏设备记录该点。敏感区域的直径为 215 mm，空间分辨率为 200~300 μm。

为了进行光束监测，所谓的"手持监测器"[13] 将装有锂的 ZnS 闪烁体与市售的图像放大器结合在一起。中子束轮廓可以直接在设备的屏幕上看到。

摄影胶片的动态最大为 1:100，取决于光学器件和闪烁体的厚度，可以获得数百微米的空间分辨率。但是，由于这是一个积分装置，因此也会记录伽马背景的光。

目前，针对未来散裂中子源具有更高光输出的无机闪烁体已经进行了研发工作。摘要由 *Carel van Eijk* 发表 [14]。

3.3.6　箔探测器

图 3.3.7 显示了 $n(^{10}B, \alpha)^7Li$ 反应后从硼箔逸出的带电粒子计算的脉冲高度谱。频谱总是向下延伸到最低的频道。由于带电粒子在空间中随机发射，它们在通过材料时的能量损失可能高达其全部动能，这就是其中只有一部分从箔中逸出的原因。

金属 ^{10}B 箔中波长为 1.8 Å 的中子的吸收长度为 19.2 μm，而反应 $n(^{10}B, \alpha)^7Li$ 的粒子范围分别为 3.9 μm 和 1.7 μm。这意味着粒子范围比吸收长度短得多。在这个范围更深的区域产生的粒

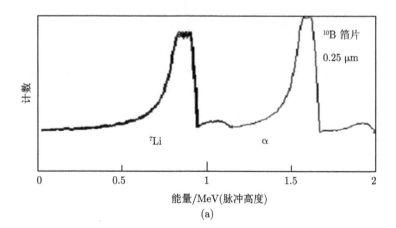

(a)

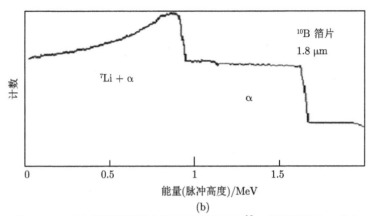

图 3.3.7 带电粒子的计算光谱从正面照射的 ^{10}B 箔背面逸出，并在 n(^{10}B, α)^{7}Li+2.3 MeV+γ(0.48 MeV) 和 n (^{10}B, α)^{7}Li+2.79 MeV 的反应中产生。在所示箔厚度下，1.8 Å 中子的效率分别为 1.0% 和 5.5%

子不能从箔中逃逸。所有其他中子转换箔的情况类似。因此，粒子探测器与箔片的任何组合的布置都会导致探测效率低。在比具有较高动能的粒子的范围小约 10% 的箔厚度处，逃逸概率达到最大值，如图 3.3.8 所示。常用转换器的最大中子探测箔厚度如表 3.3.6 所示。

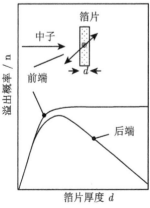

图 3.3.8 箔片中的中子反应产生的粒子的逸出概率与其厚度的函数

表 3.3.6   用于正面照射和背面检测的波长为 1.8 Å 的中子的箔厚度和
最大检测效率

箔材料	中子探测效率	理想箔厚度 $d/\mu m$
^{6}Li	13.6	112
^{6}LiF	5.8	29
10B	6.4	3.4
Gd nat	<11	~3.5
235U	0.7	6.4

箔片探测器优先使用于中子照相学和射束监测。对于后者，吸收材料的非常薄的一层被蒸发到气体计数器或电离室内的阴极上。对于特殊应用，将箔片探测器与摄影胶片、图像板、CCD和通道板结合使用；在大多数情况下，使用 Gd 箔是因为它们具有更高的中子效率并且更易于处理，但缺点是伽马灵敏度高。

3.3.7   其他内部探测器

在用于中子探测的特殊成像板中，将存储的磷光体与 Gd_2O_3 [13] 混合。通过这种方式可以提高效率:转换电子不必从箔中逸出，而是停留在磷中，从而激发磷。这种成像板的尺寸为 20 cm × 20 cm。成像板的动态比例为 1:105。中子探测器的空间分辨率为 100~200 μm。由于这些原因，该设备因其大量的干扰点而在蛋白质晶体学中受到青睐。但是，像所有积分探测器一样，尤其因为掺入的 Gd 具有更高的原子序数，这种板对伽马敏感。

这里将提出一种尚未建造的优秀中子探测器: 硼二极管。硼像硅或锗一样，是一种带隙为 1.4 eV 的半导体。20 世纪 30 年代，照片使用硼光电池，就像今天使用硅电池一样。利用硼的表面势垒二极管或掺杂硅的硼二极管，可以测量每个中子的高信号。在半导体中产生一个电子-空穴对需要大约 6 eV 的能量。在 n $(^{10}B, \alpha)^7Li$ 反应中可获得 2.3 MeV 能量，因此产生 6×10^{14} [As] 的电荷。在它的环路中有一个积分运算放大器和一个 1 pF 的电容，可以测量 60 mV 的输出信号。硼晶体厚度只有 60 μm，中子

(1.8 Å) 探测效率为 97‰.

位置敏感检测器可以是 CCD 或由硼晶体制成的像素设备。当 α 粒子的范围仅为 3.9 μm 时，位置分辨率将小于 10 μm。此外，由于硼的原子序数低，因此伽马敏感性会相当低。

常见问题在 Glenn F. Knoll[15] 的教科书中找到答案。

参 考 文 献

[1] H. Geiger, Rutherford, E. & Thomson, J. J. Phil. Mag .XIII (1896).

[2] Zeigler, J., Biersack, J. & Littmark, U. The stopping and range of ions in solids. The Stopping Range of Ions in Matter 1 (1985).

[3] Guanghao Lu. Semiconductor/Insulator Polymer Blend Transistors. Nature Communications 4: 1588 (2013).

[4] Feltin, D. & B. Guérard. http://www.ill.fr/News/34/034, 2000).

[5] Myles, D. A. A., et al. Neutron Laue diffraction in macromolecular crystallography. Physica B: Condensed Matter 241-243, 1122-1130 (1997).

[6] Kopp, M., Valentine, K., Christophorou, L. & Carter, J. New gas mixture improves performance of ^{3}He neutron counters. Nuclear Instruments Methods in Physics Research 201, 395-401 (1982).

[7] Charpak, G., Bouclier, R., Bressani, T., Favier, J. & Zupančič, Č. The use of multiwire proportional counters to select and localize charged particles. Nuclear Instruments and Methods 62, 262-268 (1968).

[8] Oed, A. Position-sensitive detector with microstrip anode for electron multiplication with gases. Nuclear Instruments and Methods in Physics Research Section A: Accelerators, Spectrometers, Detectors and Associated Equipment 263, 351-359 (1988).

[9] Sauli, F. GEM: A new concept for electron amplification in gas detectors. Nuclear Instruments and Methods in Physics Research Section A: Accelerators, Spectrometers, Detectors and Associated Equipment 386, 531-534 (1997).

[10] Sauli, F. & Sharma, A. Micropattern gaseous detectors. Annual Review of Nuclear Particle Science 49, 341-388 (1999).

[11]　Oed, A. Micro pattern structures for gas detectors. Nuclear Instruments and Methods in Physics Research Section A: Accelerators, Spectrometers, Detectors and Associated Equipment 471, 109-114 (2001).

[12]　Anger, H. O. Scintillation Camera. 29, 27-33 (1958).

[13]　Rausch, C. SPIE Proc. (1992).

[14]　van Eijk, C. W. E. Inorganic-scintillator development. Nuclear Instruments and Methods in Physics Research Section A: Accelerators, Spectrometers, Detectors and Associated Equipment 460, 1-14 (2001).

[15]　Knoll, G. F. Radiation detection and measurement. 3rd edn, (John Wiley & Sons, 1999).

第 4 章 活性与屏蔽

4.1 元素活化表

M. Johnson, S. A. Mason, R. B. Von Dreele

确定样品活化度的最佳方法是使用适当的仪器进行原位测量。但是，在筹划中子实验时，了解是否活化很重要也很有用。正确估计中子束对样品的活化作用需要了解中子光谱、暴露时间、质量、同位素组成等信息。表 4.1.1 使您能够大致计算样品在中子束中的活化度，以便进行分析。样品在中子束中暴露一天之后，衰减到74Bq/g(即 2nCi/g) 或更少所需要的时间，是运送 "非放射性" 样品的典型限制。它还会显示从仪器中取出样品时可能受到的预期曝光。该表中的条目是通过近似计算 (由 M. Johnson 提出) 得出的，将元素 (强度与之前所发现的强度相当) 的 5 cm^3 纯固体样品，暴露在工作电流 100 μA 的 LANSCE 的高通量粉末衍射仪 (HIPD) 中相当强度的中子束中，1 天后，从 10^5Bq/cm^3 到 10^4Bq/cm^3 的衰减时间。这些计算是针对脉冲源进行的，可能会高估某些元素 (无超热中子) 对反应堆的活化度。从暴露于 10^7n/(s·cm^2) 反应堆热束 (标记为 †) 开始算 1 天，经过 NIST 的计算，可以增强它们。储存时间是暴露于该 "标准" 中子束的纯固体元素样品衰减至 74Bq/g 或以下所需的时间。在中子暴露停止后 2 min，迅速激活给出了纯固体元素的预期激活。接触剂量是从迅速激活后的 1 g 纯元素样品中预期的剂量。所有三列中带有破折号的元素均未显示任何激活。带有单个星号的元素在暴露于中子束之前是放射性的。除了 Tc 和 Pm，它们都是 α 发射体。铋是特例，它在暴露于光束之前是稳定的，但是活化

产物是 α 发射体。在表的 Web 版本中可以找到典型的样本激活
计算。

注意：此表的当前 Web 版本可以在 ILL 网站上找到 (http://
www.ill.fr/YellowBook/D19/help/act_table.htm)。

原始表首先出现在 1992 年 1 月 12 日的 LANSCE 新闻通讯
中。我们感谢 R. Pynn 和 V. T. Forsyth 的合作。非常欢迎对本作
者发表评论 (m.w.johnson @ rl.ac.uk，mason @ ill.fr，vondreele
@ lanl.gov)。

表 4.1.1　典型元素的激活示例

符号/名称	质量	存储时间	1 unit=37Bq/g (=1nCi/g) 迅速激活	2.5 cm 处的接触剂量 1 unit=10 μGy/hr/g (=1 mr/hr/g, 在 1in)
Ac 锕	227	*	*	*
Al 铝	26.982	21m	1900	2.0
Am 镅	243	*	*	*
Sb 锑	121.75	520d	800	0.7
Ar 氩	39.948	19h	3500	3.0
As 砷	74.922	18d	8.4×10^4	7.3
At 砹	210	*	*	*
Ba 钡	137.34	<150h	<80	<0.1
Bk 锫	247	*	*	*
Be 铍	9.012	—	—	—
Bi 铋	208.980	**	**	**
B 硼	10.811	—	—	—
Br 溴	79.909	18d	1.4×10^4	12^+
Cd 镉	112.40	190d	370	0.3
Ca 钙	40.08	—	—	—
Cf 锎	249	*	*	*
C 碳	12.011	—	—	—
Ce 铈	140.12	<86h	<40	<0.1
Cs 铯	132.905	54h	4.6×10^5	400
Cl 氯	35.453	<2.8h	<80	<0.1

符号/名称	质量	存储时间	1 unit=37Bq/g (=1nCi/g) 迅速激活	2.5 cm 处的接触剂量 1 unit=10 μGy/hr/g (=1 mr/hr/g, 在 1in)
Cr 铬	51.996	<61d	<40	<0.1
Co 钴	58.933	24y	5.2×10^4	45[+]
Cu 铜	63.54	7.4d	1.0×10^4	8.5
Cm 锔	247	*	*	*
Dy 镝	162.50	52h	5.0×10^5	430[+]
D 氘	2.015	—	—	
Es 锿	254	*	*	*
Er 铒	167.26	78d	600	0.5
Eu 铕	151.96	50y	2200	1.9[+]
Fm 镄	253	*	*	*
F 氟	18.998	—	—	
Fr 钫	223	*	*	*
Gd 钆	157.25	11d	7400	6.4
Ga 镓	69.72	8d	3.2×10^4	27
Ge 锗	72.59	<6d	1100	1.0
Au 金	196.9672	29d	3000	2.5
Hf 铪	178.49	1.6y	620	0.5
He 氦	4.003	—	—	—
Ho 钬	164.930	20d	2.8×10^4	24[+]
H 氢	1.008	—	—	—
In 铟	114.82	12d	1.1×10^4	9.5[+]
I 碘	126.904	7h	1.2×10^5	100
Ir 铱	192.2	4.2y	5.0×10^4	43[+]
Fe 铁	55.847	—	—	—
Kr 氪	83.80	42h	3200	2.8[+]
La 镧	138.91	22d	1.9×10^4	16
Pb 铅	207.19	—	—	—
Li 锂	6.939	—	—	—
Lu 镥	174.97	1.8y	1.4×10^4	12[+]
Mg 镁	24.312	—	—	—
Mn 锰	54.938	38h	1.1×10^5	95

符号/名称	质量	存储时间	1 unit=37Bq/g (=1nCi/g) 迅速激活	2.5 cm 处的接触剂量 1 unit=10 μGy/hr/g (=1 mr/hr/g, 在 1in)
Md 钔	256	*	*	*
Hg 汞	200.59	24d	700	0.6
Mo 钼	95.94	30d	430	0.4
Nd 钕	144.24	15h	1200	1.0
Ne 氖	20.183	—	—	—
Np 镎	237	*	*	*
Ni 镍	58.71	<5.5h	<30	<0.1
Nb 铌	92.906	80m	2.0×10^4	17
N 氮	14.007	—	—	—
Os 锇	190.2	41d	2300	2.0^+
O 氧	15.999	—	—	—
Pd 钯	106.4	9d	7.1×10^4	60
P 磷	30.974	—	—	—
Pt 铂	195.09	20d	230	0.2
Pu 钚	242	*	*	*
Po 钋	210	*	*	*
K 钾	39.102	<38h	<300	<0.3
Pr 镨	140.907	1d	2.0×10^4	17
Pm 钷	147	*	*	*
Pa 镤	231	*	*	*
Ra 镭	226	*	*	*
Rn 氡	222	*	*	*
Re 铼	186.2	53d	4.9×10^4	42
Rh 铑	102.905	2h	2.6×10^4	22^+
Rb 铷	85.47	56d	1800	1.6
Ru 钌	101.0710	6d	230	0.2
Sm 钐	150.35	35d	6200	5.4
Sc 钪	44.956	<1.8y	<90	<0.1
Se 硒	78.96	10h	4900	4.2^+
Si 硅	28.086	—	—	—
Ag 银	107.870	7.4y	1.6×10^4	14^+

符号/名称	质量	存储时间	1 unit=37Bq/g (=1nCi/g) 迅速激活	2.5 cm 处的接触剂量 1 unit=10 μGy/hr/g (=1 mr/hr/g, 在 1in)
Na 钠	22.991	5.5d	5700	5.0
Sr 锶	87.62	<25h	<100	<0.1
S 硫	32.064	—	—	—
Ta 钽	180.948	3y	1600	1.4
Tc 锝	98	*	*	*
Te 碲	127.60	96h	2600	2.2
Tb 铽	158.924	2.1y	3300	2.8
Tl 铊	204.37	m	460	0.4
Th 钍	232.038	*	*	*
Tm 铥	168.934	3.7y	7700	6.7[+]
Sn 锡	118.69	<50d	<40	<0.1
Ti 钛	47.90	—	—	—
W 钨	183.85	15d	3.7×10^4	32
U 铀	238.03	*	*	*
V 钒	50.942	48m	4.7×10^5	41
Xe 氙	131.30	7d	3200	2.8
Yb 镱	173.04	275d	780	0.7
Y 钇	88.905	24d	1000	0.9
Zn 锌	65.37	5d	1600	1.4
Zr 锆	91.22	79h	<40	<0.1

4.2 辐 射 屏 蔽

H.G. Börner, J. Tribolet

4.2.1 光子的屏蔽

穿过厚度为 d 的吸收体的平行光子束的强度降低由下式给出:

$$\Phi = \Phi_0 \mathrm{e}^{-\Sigma d}$$

其中，Φ_0 和 Φ 是穿过吸收体之前和之后的光束强度，Σ 是能量 E 的光子和给定材料的衰减系数。应当注意，由上式计算的衰减只给出了原始光束的强度降低。吸收器下游的总辐射较大，除了存在散射光子，还有包括荧光和正电子湮灭辐射在内的各种过程产生的次级光子。

图 4.2.1 中给出了一些常用材料 (如铁、铅、铝和混凝土)

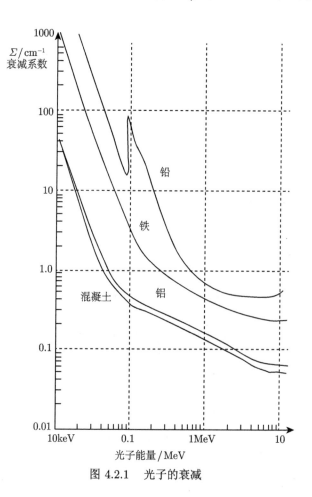

图 4.2.1　光子的衰减

的衰减系数 Σ 的值 (单位为 cm^{-1})。可以推断出，分别需要大约 5 cm 的铅或 50 cm 的混凝土才能将 10 MeV 光子束 (中子捕获中产生的典型的主要伽马射线能量) 衰减一个数量级。

4.2.2 中子的屏蔽

关于中子的衰减，必须区分为两类：一类是热中子和亚热中子，另一类是超热中子和快中子。

通过高俘获截面的材料 (如镉、钆、硼和锂) 的捕获作用，可以轻松停止热中子和中热中子。通常，相当薄的吸收剂材料层就足以阻止这种中子束。但是，在镉和钆的情况下，中子的吸收伴随着捕获伽马射线带来的强烈辐射。因此，有必要增加附加的屏蔽来衰减伽马射线 (请参见上文)。这种现象在锂中不存在，在硼中则不那么明显。因此，优选使用后一种材料，尤其是在实验区域的重型屏蔽层的外侧。

衰减高能中子要复杂得多，因为它们不能通过捕获直接停止，而必须先使其减速。特定保护的精确确定通常需要使用蒙特卡罗方法进行更复杂的计算。对于 MeV 范围的中子，通常将三种类型的材料加在一起：致密材料 (非弹性碰撞)，氢化材料 (减速) 和吸收材料 (捕获)。一个例子是 "重混凝土"，其中可以找到铁、氢和硼。

具体示例：

(a) 中子导管：在离反应堆足够远的部分，中子被 $1 \sim 2$ 层 (关于 ILL 标准) 的 B_4C 阻挡。

(b) 主要的酪酸盐：通常使用 80~90 cm 的重混凝土 (在 ILL)。这确保了同时免受中子和伽马射线的侵害。

(c) 热中子束管：图 4.2.2 显示了 ILL 的标准 "热束管" 中中子光谱分布的高能部分的示例。具有这种光谱分布的中子的最佳屏蔽取决于可用空间。

(1) 如果可用屏蔽空间为 10 cm：使用硼酸化聚乙烯可获得最佳衰减 (衰减系数为 25)。

(2) 如果可用屏蔽空间为 20 cm：使用 2 cm 的铁，然后使用 18 cm 的硼酸化聚乙烯获得最佳衰减 (衰减系数为 310)。但是，使用 20 cm 硼酸化聚乙烯的效率仅降低约 10%。

(3) 如果可用屏蔽空间为 30 cm：最佳的衰减是通过使用 12 cm 的铁，然后是 18 cm 的硼酸化聚乙烯 (衰减系数为 3400) 获得的。

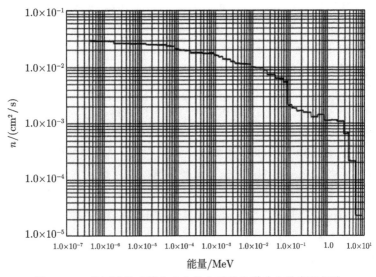

图 4.2.2　从标准热束管中出来的中子的光谱分布的高能部分

第 5 章　附　录

5.1　放射性和辐射防护

国际辐射单位和测量委员会 (ICRU) 建议使用 SI 单位。因此，我们首先列出 SI 单位，然后在括号中列出 cgs(或其他常见) 单位 (不同之处)。

A. 定义

活度单位= 贝可 (居里)：

$1\text{ Bq}=1$ 衰变 s^{-1} $[= 1/(3.7 \times 10^{10})\text{Ci}]$

吸收剂量单位= 格雷 (rad)：

$1\text{ Gy} = 1\text{ J·kg}^{-1}$ $(= 10^4\text{ erg·g}^{-1} =100\text{ rad})$

$\qquad = 6.24 \times 10^{12}\text{ MeV·kg}^{-1}$ 储存能

暴露单位，空间中一点的 X-或 γ-辐射量随时间的积分，m 项任意符号的电荷由该点处小块空气中的电子淋浴产生：

$= 1\text{ C·kg}^{-1}$ 每单位质量的空气 (伦琴射线，$1\text{ R} = 2.58 \times 10^{-4}$ C·kg^{-1})

$= 1\text{ esu·cm}^{-3}$ $(=87.8\text{ erg}$ 每克空气释放的能量)

该定义隐藏了假设，小体积测试体中嵌入充分大的均匀辐照体，进入该体积的二次电子数等于离开的二次电子数。

生物损伤的当量剂量单位 = 西韦特。

$1\text{ Sv}=100\text{ rem}$(人体伦琴当量)。

Sv 的当量剂量 $=\text{grays}\times w_{\text{R}}$ 的吸收剂量，w_{R} 指辐射权重因子 (以前的质量因子 Q)，它取决于辐射的类型及其他因素，列于表 5.1.1 中。当量剂量表现了低水平持续照射的长项风险 (主要会导致癌症和白血病)。

表 5.1.1   辐射权重因子

辐射类型	w_R
X-和 γ-辐射，所有能量	1
电子和 μ 介子，所有能量	1
中子：	
<10 keV	5
10~100 keV	10
0.1~2 MeV	20
2~20 MeV	10
>20 MeV	5
质子 (除了反冲)，>2 MeV	5
阿尔法 (α)，裂变碎片和重核	20

B. 辐射水平

所有源的天然年背景。世界上的大部分地区，全身辐射当量剂量为 0.4~4 mSv(40~400 mrem)。在特定的地区，会达到 50 mSv(5rem)。在美国，平均值 =3.6 mSv，包括大约 2 mSv (200 mrem) 的吸入天然放射性，主要是氡和氡的子体。氡的暴露量是针对一幢典型的房屋来说的，氡暴露量的变化超过一个数量级。

计数器中的宇宙射线背景 (地球表面)：1 $\min^{-1}\cdot\mathrm{cm}^{-2}\cdot\mathrm{sr}^{-1}$。

人造辐射剂量：人造辐射剂量的最大的部分来自医学的 X 射线诊断的辐射，约占平均天然辐射剂量的 20%。

通量 (每 cm^2) 沉积在 1 Gy 上，进行均匀辐射。

对于光子：

$= 6.24 \times 10^9 \ell/Ef.$ 光子能量 E[MeV]，衰减长度 $\ell(\mathrm{g}\cdot\mathrm{cm}^{-2})$，分数 $f \leqslant 1$ 表示储存于厚度 $\ll \ell$ 的小体积内的光子 s 能量比率，但是对于容纳二次电子，又是足够大的。

$\approx 2 \times 10^{11}$ 光子每平方厘米对于碳上的 1 MeV 光子 ($f \approx 0.5$)。

对于带电粒子：

$\approx 6.24 \times 10^9/(\mathrm{d}E/\mathrm{d}x)$, 这里 $\mathrm{d}E/\mathrm{d}x$ [MeV·g^{-1}· cm^2], 单位长度的能量损失可以从能量范围图中得到。

$\approx 3.5 \times 10^9$ cm^{-2} 用于使碳中最小的单电荷粒子电离。

对所有材料, 报出的通量以两倍为佳。

对辐射工作者的建议暴露限度 (全身剂量)

ICRP: 20 mSv·yr^{-1} 5 年平均值, 任一年剂量 <50 mSv。

U.S. : 50 mSv·yr^{-1} (5 rem·yr^{-1}), 美国和其他地方的许多实验室设置的限度更低些。

致死剂量: 沿身体内部纵向中心线测得 5 Gy(500 rads), 穿透性辐射的全身剂量在 30 天内 (无医疗假设) 会导致 50％的死亡。表面剂量随身体衰减而变化, 主要受能量强度影响。

经许可, 这部分是重印的, 来自 2001 年《X-射线数据手册》网络版 (http://xdb.lhl.gov)。若要了解更多的信息, 查阅 ICRP 出版 60, 《国际辐射防护委员会 1990 年建议》(培格曼出版社, 纽约, 1991) 和 E.Pochin 的《辐射: 风险和收益》(克拉伦登出版社, 牛津,1983)。

5.2 物 理 常 数

表 5.2.1 是经过 X-Ray 数据手册的 2001 年网络版 (http://xdb.lbl.gov) 的许可进行改编。它是从 CODATA(科学技术数据委员会) 的建议中得出的。完整的 1998 年 CODATA 常数集可以在以下网址找到: http//physics.nist.gov/cuu/Constants/index.html。

表 5.2.1 物理常数

物理量	符号，公式	数值	误差 (PPb)
光速	c (see note *)	$2.99792458\times10^8\,\mathrm{ms^{-1}}·\Delta(10^{10}\,\mathrm{cms^{-1}})$	exact
普朗克常数	h	$6.6260876(52)\times10^{-34}\,\mathrm{J·s}(10^{-27}\,\mathrm{ergs})$	78
约化普朗克常数	$\hbar = h/(2\pi)$	$=6.58211889(26)\times10^{-22}\,\mathrm{MeV·s}$	78,39
电子电荷量	e	$4.80320420(19)\times10^{-10}\,\mathrm{esu}$ $=1.602176462(63)\times10^{-19}\,\mathrm{C}$	39,59
转换常数	hc	$197.3269601(78)\,\mathrm{MeV·fm}(=\mathrm{eV·nm})$	39
电子质量	m_e	$0.510998902(21)\,\mathrm{MeV}/c^2$ $=9.10938188(72)\times10^{-31}\,\mathrm{kg}$	40,79
质子质量	m_p	$938.271998(38)\,\mathrm{MeV}/c^2$ $=1.67262158(13)\times10^{-27}\,\mathrm{kg}$	40,79
中子质量	m_n	$1.67495\times10^{-27}\,\mathrm{kg}$	—
氘核质量	m_d	$1875.612762(75)\,\mathrm{MeV}/c^2$	40
统一的原子质量单位 (u) (mass ^{12}C atom)/12=(1g)/(N_A mol)		$931.494013(37)\,\mathrm{MeV}/c^2$ $=1.66053873(13)\times10^{-27}\,\mathrm{kg}$	40,79
真空介电常数	$\varepsilon_0 = 1/(\mu_0 c^2)$	$8.854187817\cdots\times10^{-12}\,\mathrm{F·m^{-1}}$	exact
真空磁导率	μ_0	$4\mathrm{p}\times10^{-7}\,\mathrm{NA^{-2}}$ $=12.566370614\cdots\times10^{-7}\,\mathrm{NA^{-2}}$	exact
精细结构常数	$\alpha=e^2/4\pi\varepsilon\hbar c$	$1/137.03599976(50)$	3.7
经典电子半径	$r_e=e^2/4\pi\varepsilon m_e c^2$	$2.817940285(31)\times10^{-15}\,\mathrm{m}$	11
玻尔半径	$a=4\pi\varepsilon\hbar^2/m_e e^2 = r_e\alpha^{-2}$	$0.5291772083(19)$ $\times10^{-10}\,\mathrm{m}(10^{-8}\,\mathrm{cm})$	3.7

续表

物理量	符号，公式	数值	误差 (PPb)
里德堡能量	$hcR_\infty = m_e e^4/2(4\pi\varepsilon)^2\hbar^2$ $= m_e c^2\alpha^2/2$	13.605691172(53)eV	39
汤姆孙截面	$\sigma_T = 8\pi r_e^2/3$	0.66524854(15)barn(10^{-28} m^2)	22
玻尔磁子	$\mu_B = e\hbar/2m_e$	5.788381749(43)$\times 10^{-11}$ MeV·T^{-1}	7.3
核磁子	$\mu_B = e\hbar/2m_p$	3.152451238(24)$\times 10^{-14}$ MeV·T^{-1}	7.6
电子回旋频率/场	$\omega_{\text{cycl}}^e/B = e/m_e$	1.758820174(71)$\times 10^{11}$ rad·s^{-1}·T^{-1}	40
质子回旋频率/场	$\omega_{\text{cycl}}^p/B = e/m_p$	9.5788408(38)$\times 10^7$ rad·s^{-1}·T^{-1}	40
阿伏伽德罗常数	N_A	6.02214199(47)$\times 10^{23}$ mol^{-1}	79
玻尔兹曼常数	k	1.3806503(24)$\times 10^{-23}$ J·K^{1} $= 8.617342(15)\times 10^{-5}$ eV·K^{-1}	1700
摩尔体积，STP 中理想气体	$N_A k$(273.15K) /(101325 Pa)	22.413996(39)$\times 10^{-3}$ m^3·mol^{-1}	1700

$\pi = 3.1415926535897932384$

1 m 是真空中光在 1/299792458s 内行进的距离

$e = 2.718281828459045235$

$y = 0.5772156649015328861$

1in = 2.54cm	1newton = 10^5 dyne	$1eV/c^2 = 1.782662\times10^{-33}$ g	1 coulomb=2.99792458$\times 10^9$ esu
1Å = 10^{-8} cm	1 joule = 10^7 erg	$hc/(1eV) = 1.239842\mu$m	1tesla=10^4 gauss
1 fm = 10^{-13} cm	1 cal = 4.184 joule	$1eV/h = 2.417989\times10^{14}$Hz	1atm=1.01325$\times 10^6$ dyne/cm^2
1 barn = 10^{-24} cm^2	1eV=1.602175 $\times 10^{-12}$ erg	1eV/K=11604.5K	0°C=273.15K

1 meV=8.0668cm^{-1}

5.3   元素的物理性质

表 5.3.1 列出了元素的几个重要属性。数据主要来自 D.R.Lide 编辑的《CRC 化学和物理手册》第 80 版。(CRC 出版社，佛罗里达州博卡拉顿，1999 年)。原子权重适用于地球上自然存在的元素。括号中的值是寿命最长的同位素的质量数。每个原子量的最后一位数字中存在一些不确定性。元素的比热在 25℃ 和 100kPa 的压强下给出。固体和液体的密度以 20℃ 时的比重给出，除非上标温度 (以 ℃ 为单位) 另有说明；对于沸点下的液体，气态元素的密度以 g/cm^3 为单位给出。

表 5.3.1   元素的性质

z	元素	原子质量	密度	熔点/℃	沸点/℃	比热/(J/(g·K))
1	氢	1.00794	0.0708	-259.34	-252.87	14.304
2	氦	4.002602	0.122		-268.93	5.193
3	锂	6.941	0.534	180.50	1342	3.582
4	铍	9.012182	1.848	1287	2471	1.825
5	硼	10.811	2.34	2075	4000	1.026
6	碳	12.0107	1.9~2.3(graPh)	$4492^{10.3MPa}$	3825^b	0.709
7	氮	14.00674	0.808	-210.00	-195.79	1.040
8	氧	15.9994	1.14	-218.79	-182.95	0.918
9	氟	18.9984032	1.50	-219.62	-188.12	0.824
10	氖	20.1797	1.207	-248.59	-246.08	1.030
11	钠	22.989770	0.971	97.80	883	1.228
12	镁	24.3050	1.738	650	1090	L023
13	铝	26.981538	2.6989	660.32	2519	0.897
14	硅	28.0855	2.3325	1414	3265 ·	0.705
15	磷	30.973761	1.82	44.15	280.5	0.769
16	硫	32.066	2.07	119.6	444.60	0.710
17	氯	35.4527	$1.56^{-33.6}$	-101.5	-34.04	0.479
18	氩	39.948	1.40	-18935	-185.85	0.520
19	钾	39.0983	0.862	63.5	759	0.757
20	钙	40.078	1.55	842	1484	0.647
21	钪	44.955910	2.989^{25}	1541	2836	0.568
22	钛	47.867	4.54	1668	3287	0.523
23	钒	50.9415	$6.11^{18.7}$	1910	3407	0.489

续表

z	元素	原子质量	密度	熔点/°C	沸点/°C	比热/(J/(g·K))
24	铬	51.9961	7.1827.20	1907	2671	0.449
25	锰	54.938049	7.2127.44	1246	2061	0.479
26	铁	55.845	7.874	1538	2861	0.449
27	钴	58.933200	8.9	1495		
28	镍	58.6934	8.902^{25}	1455		
29	铜	63.546	8.96	1084.62		
30	锌	65.39	7.133^{25}	419.53		
31	镓	69.723	$5.904^{29.6}$	29.76		
32	锗	72.61	5.323^{25}	938.25		
33	砷	74.92160	5.73	$817^{3.7\text{MPa}}$		
34	硒	78.96	4.79	220.5		
35	溴	79.904	3.12	−7.2		
36	氪	83.80	2.16	157.38	−153.2	
37	铷	85.4678	1.532	39.30		
38	锶	87.62	2.54	777		
39	钇	88.90585	4.46925	1522		
40	锆	91.224	6.506	1855		
41	铌	92.90638	8.57	2477		
42	钼	95.94	10.22	2623		
43	锝	(98)	11.50^{a}	2157		
44	钌	101.07	12.41	2334	4150	0.238
45	铑	102.90550	12.41	1964	3695	0.243
46	钯	106.42	12.02	1554.9	2963	0.246
47	银	107.8682	10.50	961.78	2162	0.235
48	镉	112.411	8.65	321.07	767	0.232
49	铟	114.818	7.31	156.60	2072	0.233
50	锡	118.710	7.31	231.93	2602	0.228
51	锑	121.760	6.691	630.73	1587	0.207
52	碲	127.60	6.24	449.51	988	0.202
53	碘	126.90447	4.93	113.7	184.4	0.145
54	氙	131.29	3.52	$-111.79^{81.6\text{kPa}}$	−108.12	0.158
55	铯	132.90545	1.873	28.5		0.242
56	钡	137.327	3.5	727		0.204
57	镧	138.9055	6.145^{25}	918		0.195
58	铈	140.116	6.770^{25}	798		0.192
59	镨	140.90765	6.773	931		0.193
60	钕	144.24	7.008^{25}	1021		0.190
61	钷	(145)	7.264^{25}	1042		
62	钐	150.36	7.520^{25}	1074		0.197

z	元素	原子质量	密度	熔点/℃	沸点/℃	比热/(J/(g·K))
63	铕	151.964	5.244^{25}	822		0.182
64	钆	157.25	7.901^{25}	1313		0.236
65	铽	158.92534	8.230	1356		0.182
66	镝	162.50	8.551^{25}	1412		0.170
67	钬	164.93032	8.795^{25}	1474		0.165
68	铒	167.26	9.066^{25}	1529		0.168
69	铥	168.93421	9.321^{25}	1545		0.160
70	镱	173.04	6.966	819		0.155
71	镥	174.967	9.841^{25}	1663		0.154
72	铪	178.49	13.31	2233		0.144
73	钽	180.9479	16.654	3017		0.140
74	钨	183.84	19.3	3422		0.132
75	铼	186.207	21.02	3186		0.137
76	锇	190.23	22.57	3033		0.130
77	铱	192.217	22.42^{17}	2446		0.131
78	铂	195.078	21.45	1768.4		0.133
79	金	196.96655	～19.3	1064.18		0.129
80	汞	200.59	13.546	−38.83	356.73	0.140
81	铊	204.3833	11.85	304		0.129
82	铅	207.2	11.35	327.46		0.129
83	铋	208.98038	9.747	271.40	1564	0.122
84	钋	(209)	9.32	254	962	
85	砹	(210)		302		
86	氡	(222)		−71	−61.7	0.094
87	钫	(223)		27		
88	镭	(226)		700		
89	锕	(227)		1051	3198	0.120
90	钍	232.0381	11.72	1750	4788	0.113
91	镤	231.03588	15.37^{a}	1572		
92	铀	238.0289	～18.95	1135	4131	0.116
93	镎	(237)	20.25	644		
94	钚	(244)	19.84^{25}	640	3228	
95	镅	(243)	13.67	1176	2011	
96	锔	(247)	13.51^{a}	1345	3100	
97	锫	(247)	14(est.)	1050		
98	锎	(251)		900		
99	锿	(252)		860		
100	镄	(257)		1527		
101	钔	(258)		827		

续表

z	元素	原子质量	密度	熔点/℃	沸点/℃	比热/(J/(g·K))
102	锘	(259)		827		
103	铹	(262)		1627		
104	𬬻	(261)				

该表经过 X-Ray DataBooklet 的 2001 年网络版 (http://xdb.lbl.gov) 的许可进行改编。

元素周期表

1	2	3	4	5	6	7	8	9	10	11	12	13	14	15	16	17	18
3 Li 6.941	4 Be 9.0122											5 B 10.811	6 C 12.011	7 N 14.0067	8 O 15.9994	9 F 18.9984	10 Ne 20.1797
11 Na 22.8898	12 Mg 24.3050											13 Al 26.9815	14 Si 28.0855	15 P 30.9738	16 S 32.066	17 Cl 36.4527	18 Ar 39.948
19 K 39.0983	20 Ca 40.078	21 Sc 44.9559	22 Ti 47.88	23 V 50.9415	24 Cr 51.9961	25 Mn 54.9381	26 Fe 55.847	27 Co 58.9332	28 Ni 58.69	29 Cu 63.546	30 Zn 65.39	31 Ga 69.723	32 Ge 72.61	33 As 74.9216	34 Se 78.98	35 Br 79.&Q4	36 Kr £380
37 Rb 85.4678	38 Sr 87.62	39 Y 88.9059	40 Zr 91.224	41 Nb 92.9064	42 Mo 95.94	43 Tc (99)	44 Ru 101.07	45 Rh 102.905	46 Pd 106.42	47 Ag 107.868	48 Cd 112.411	49 In 114.82	50 Sn 118.710	51 Sb 121.75	52 Te 127.60	53 I 126.904	54 Xe 131.29
55 Cs 132.005	56 Ba 137.327	57 La 139.905	72 Hf 178.49	73 Ta 180.947	74 W 183.85	75 Re 186.207	76 Os 190.2	77 Ir 192.22	78 Pt 195.08	79 Au 196.966	80 Hg 200.59	81 Tl 204.383	82 Pb 207.2	83 Bi 208.980	84 Po (210)	85 At (210)	86 Rn (222)
87 Fr (223)	88 Ra (226)	89 Ac (227)	104	105	106	107	108	109									

58 Ce 140.115	59 Pr 140.907	60 Nd 144.24	61 Pm (147)	62 Sm 150.36	63 Eu 151.985	64 Gd 157.25	65 Tb 158.925	66 Dy 162.50	67 Ho 164.930	68 Er 167.26	69 Tm 168.934	70 Yb 173.04	71 Lu 174.967

免 责 声 明

ILL，其任何员工或本文档的任何贡献者均不对所披露的任何信息、设备、产品或过程的准确性、完整性或实用性做出任何明示或暗示的保证或承担任何法律责任，或表示其使用不会侵犯私有权利。

使用者应承担全部责任，并承担与本手册中材料使用和结果相关的任何风险，而不论使用材料的目的或结果如何。